고전시가와 불교

숭 실 대 학 교
한국문예연구소
학 술 총 서 ⑭

고전시가와 불교

조규익

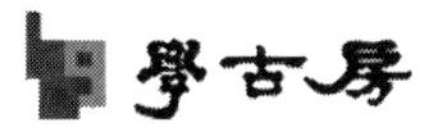

머리말

개구즉착(開口卽錯)!

아니 '미개구착(未開口錯)'이다.

글을 쓴답시고 써보았지만, 입을 벙긋 열기만 해도 어그러지는 정도가 아니라 아예 입을 열기도 전에 어그러진 모양새다. 못난 속한(俗漢)의 분별심 때문이리라.

옛 선사(禪師)들은 불립문자(不立文字)의 오묘함을 '문자 없이', '말없이' 깨닫게 해주고자 애썼다. 진리를 깨닫는데 말이 필요 없을 뿐더러 오히려 해를 끼친다고 본 것일까.

부처의 가호(加護) 속에 현재와 미래가 보장된다고 믿었을, 그 옛날 이 땅의 민초(民草)들. 그들의 생각이나 말은 불법(佛法)의 패러다임을 한 치도 벗어나지 않았다. 아니 벗어날 엄두도, 꿈도 꾸지 못했다. 그렇다고 어찌 감히 견성(見性)이나 득도(得道)의 높은 차원을 훔쳐나 볼 수 있었으랴. 그저 일상다반사의 수레바퀴에 '주어진 삶'을 맡기고, 알 수 없는 미래의 시공에 '무간지옥(無間地獄)만은 피했으면' 하는 소박한 바람이나 가져볼 따름이었다. 그런 바람들을 소박한 노래로 부르는 게 고작이었고, 문자 속이나 있던 승려들만이 겨우 글자로 남겨놓을 수 있었다.

'한 솥의 국 맛을 알기 위해 한 솥의 국물을 다 마실 필요는 없다'는 오기로 그것들 가운데 아주 적은 부분을 건드려 놓는다. 다만, 그들이 타기(唾棄)해 마지않았던 '말'로 풀어내려 했으니, 모순치고는 큰 모순이다. '미개구착'의 수령으로 뚜벅뚜벅 걸어 들어가는 내 꼴이 가관일 것인즉, 강호의 제현께서는 크게 한 번 웃어주시라.

거친 자재(資材)로 어떻게 하면 멋진 집을 지을 수 있을까 이번에도 노심초사해주신 학고방의 하운근 사장님과 이성희 선생, 현대 시인들의 작품이 실린 문헌을 꼼꼼히 수탐하여 '화룡점정(畵龍點睛)'의 미학을 보태준 정주은 시인께 고마움을 표한다. 지금 해외에서 '배울만한 분야'를 찾아내고 '열공하는' 두 아이 경현과 원정에게 내 뜻을 이 책에 담아 전한다.

경인년 새봄에

백규

차 례

제3장

비극적인 죽음의 예술적 승화 · 43
–〈제망매가〉 미학의 본질–

제4장

안민(安民)의 불국토 건설, 그 이상과 현실 · 63
–〈안민가〉의 내용미학–

제5장

관음사상과 모정의 행복한 만남 · 79
–〈도천수관음가〉의 이면적 의미–

제6장

‘물욕’ 과 ‘무소유’ 의 극적인 만남 · 97
–〈우적가〉의 초월미학–

제7장

‘마음의 붓’이 그려낸 ‘성–속’ 통합의 서정 · 117
–〈보현시원가(普賢十願歌)〉의 서원(誓願)과 미학–

제8장

찰나와 영원의 경계, 그 깨달음의 미학 · 135
–나옹화상의 시가와 구원의 메시지–

제9장

인간의 냄새가 스며든 선취(仙趣)의 서정 · 153
-무의자(無衣子) 혜심(慧諶)의 시와 구도(求道)미학-

제10장

성과 속의 서사적 대결, 그 숭고한 결말 · 175
-〈월인천강지곡〉의 서사문법-

제1장

욕망과 극기, 그리고 죽음의 종교적 승화미

-〈원왕생가〉의 현실적 의미-

인간의 존재와 한계

본능과 이성을 함께 지닌 인간은 나약하면서도 강한 존재다. 본능에 휘둘리는 동물적인 측면을 갖추고 있는가 하면 단순한 인간의 이성을 넘어 신에 근접하는 숭고성을 발휘하기도 한다.

인식 주체에 대한 대상의 우월성은 모든 감성적 관심을 초월한 이념에 기초를 둔다. 위대한 존재를 인식하게 되었을 때 인간은 마치 큰 산을 마주 했을 때 느끼는 '절대적 감정'에 빠지게 된다. 거기서 발휘되는 것이 숭고다. 본능을 초극하는 수준에서 벗어나 본능 자체까지도 포용하는 금도(襟度)는 숭고한 존재의 표징이다.

인간은 본능과 함께 이성을 지니지만, 그 이성이 숭고의 경지로 승화되는 경우는 드물다. 대부분 이성을 발휘하면서도 결국 본능의 힘에 무너지고 말기 때문이다. 즐거움을 추구하는 본능이 도덕 감정에 의해 압도되면서도 크게 손상 받지 않은 채 함께 상승되는 경우 인간의 숭고한 측면은 구현된다. 이처럼 인간의 숭고성이 본능의 활발한 작동을 통해서만 구현될 수 있다는 것은 일견 역설적이기도 하다.

숭고한 인간은 그렇지 못한 대부분의 인간들에겐 '외경(畏敬)과 존숭(尊崇)'의 대상이다. 그래서 숭고한 인간이 되려면 1차적으로 인간이라면 누구나 갖고 있는 고유의 본능에서 떠날 수 있어야 한다. 그 본능 가운데 가장 강한 것이 애욕(愛慾) 혹은 음욕(淫慾)이다. 애욕이나 음욕만큼 치열한 본능은 없다. 이것들도 크게 보아 소유욕의 범주에 넣을 수 있겠지만, '인간 대 인간'의 관계에서 작동하는 무조건적 충동이란 점이 다르다. 남자와 여자라는 사회적 관계를 전제할 경우 애욕이나 음욕은 동물적 충동을 벗어나 소유와 지배의 사회적 코드로 요약된다. 그것은 또한 종교가 제시하는 해탈이나 자유 혹은 구원의 관점에서 가장 먼저 떨쳐 버려야 할 인간의 욕망이기도 하다.

네덜란드의 철학자 스피노자(Benedict de Spinoza)의 말대로 욕망이 인간의 본질 자체라면, 그것은 인간에게 '굴레(bondage)'로 작용할 수밖에 없다. 인간이 욕망의 충족을 통해 행복해지기보다는 이성의 적용을 통해 욕망을 변형시키는 데서 행복을 느낀다고 본 것도 그 때문이다. 스피노자의 생각을 계승한 칸트(Immanuel Kant) 역시 욕망으로부터 비롯되는 행동은 자유로울 수 없으며 자유는 단지 이성적 행동에서 찾을 수 있다고 했다. 그렇게 보면 서양의 철학자들도 욕망과 이성의 상관성이나 그것들에 바탕을 둔 인간의 행복과 불행에 관한 해명을 주된 철학적 과제로 삼았음을 알 수 있다. 욕망이나 이성에 대하여 이들보다 훨씬 구체적인 대응 방법을 설파한 종교가 바로 불교다.

남산도의(南山道宜)는 『사분률산번보궐행사초(四分律刪繁補闕行事鈔)』에서 "음욕이 비록 중생을 괴롭게 하지 않으나 마음과 마음이 계박(繫縛)되므로 큰 죄가 된다. 그러므로 계율 가운데 음욕이 처음이 된다"고 했다. '마음과 마음의 계박' 즉 마음을 주고 마음을 빼앗는 것은 바로 음욕이 소유와 지배라는 부자연스런 행태의 근원임을 말해준다. 그래서 오계(五戒) 중의 세 번 째가 '불사음(不邪淫)'인 것이다.

인간과 인간의 관계는 욕망과 본능의 관계이기도 하다. 그러나 그것뿐이라면 동물의 세계를 벗어날 수 없다. 그래서 양심을 중시하는데, 그 양심은 도덕과 법의 기반이기도 하다. 또한 도덕이나 법의 한 편에 종교가 자리하여 사람으로 하여금 양심을 지키게 하고, 그것을 초월하여 숭고한 경지로 상승시키기도 한다. 역사상 그런 예들이 많았고, 앞으로도 그런 예는 끊이지 않을 것이다. 신앙이 인간으로 하여금 본능을 사리(捨離)하고 숭고의 경지로 상승시킨 좋은 예를 <원왕생가(願往生歌)>에서 찾을 수 있다.

이 노래와 배경설화의 잠재적 코드는 죽음과 음욕의 모티프, 교우(交友)의 사회적 관계, 그리고 신앙의 힘 등이다. 이런 코드들이 암시하는 당대의 사상적·문화적 지평을 추정해보고 텍스트와 콘텍스트에 내재된 불교신앙의 숭고미를 찾아볼 필요가 있다.

노래와 배경설화의 뜻

『삼국유사』 권 5, 감통(感通) 제 7의 '광덕(廣德) 엄장(嚴莊)' 조에 다음과 같은 노래와 배경설화가 전해진다.

달님이시여,
이제 서방까지 가시나요?
무량수불 앞에 일러다가 사뢰소서
다짐 깊으신 존전(尊前)에 우러러 두 손 모두어
원왕생! 원왕생!
그리 외는 사람 있다고 사뢰소서
아아, 이 몸 남겨두고
마흔 여덟의 큰 서원(誓願)을 이루실 수 있을까.[1]

月下伊底亦
西方念丁去賜里遣
無量壽佛前乃
惱叱古音多可支白遣賜立
誓音深史隱尊衣希仰支
兩手集刀花乎白良
願往生願往生
慕人有如白遣賜立
阿邪 此身遺也置遣
四十八大願成遣賜去

문무왕 때 광덕과 엄장이라 부르는 사문이 있었다. 두 사람은 우정

1) 선학들의 해독을 바탕으로 의미가 통하도록 저자가 현대어로 풀어놓은 것이다. 해독자를 명시하지 않은 이하의 향가들도 모두 같다.

이 돈독하여 조석으로 약속하길 "먼저 극락에 가는 자가 반드시 알리기로 하세"라고 했다. 광덕은 분황사 서쪽 마을에 숨어 살면서 신 삼는 것을 업으로 하며 처자를 데리고 살았다. 엄장은 남악에 암자를 짓고 살면서 농사를 크게 지었다. 하루는 해 그림자가 붉은 빛을 끌면서 솔그늘에 조용히 저물 무렵, 창 밖에서 소리가 나면서 알리기를 "나는 이제 서방으로 가네. 그대도 잘 지내다가 속히 나를 따라 오게"했다. 엄장이 문을 열고 나가 보니 구름 밖에서 천악(天樂) 소리가 들리고 광명이 땅에 닿아 있었다. 다음 날 광덕의 거처로 가 보니 과연 그는 죽어 있었다. 이에 광덕의 처와 함께 유해를 거두어 함께 장사 지냈다. 장사를 마치고 광덕의 처에게 말하기를 "남편이 죽었으니 함께 거처하는 것이 어떠한가?"라고 말하자 광덕의 처는 "좋습니다"고 말했다. 마침내 머물러 장차 자려고 하는데 정을 통하려 했다. 그러나 광덕의 처가 꾸짖으며 말하기를 "스님께서 정토를 구함은 가히 나무 위에서 물고기를 구하는 것과 같습니다"고 했다. 엄장이 괴이하게 여기며 놀라 묻되 "광덕도 이미 그렇게 했거늘 나 또한 그렇게 하는 것이 어찌 거리낄 게 있으리오?" 했다. 부인이 말하기를 "남편과 저는 함께 산 지 10여년에 하룻밤도 자리를 같이하고 잔 적이 없습니다. 하물며 몸을 더럽혔겠습니까? 다만 매일 밤 몸을 단정히 하고 똑바로 앉아 한 목소리로 아미타불의 명호를 염송하였으며 혹은 16관을 지었는데, 관이 이미 무르익고 밝은 달빛이 지게문으로 들어오면 때때로 그 빛을 타고 올라가 그 위에서 가부좌를 틀었습니다. 정성을 다한 것이 이와 같았으니 비록 서방에 가고자 하지 않은들 어디로 가리오? 대저 천리를 가는 자는 첫걸음으로 알 수 있거니와 지금 스님의 관은 가히 동으로 간다고 할 수 있고, 서쪽으로 갈지는 알 수 없습니다. 엄장이 부끄럽게 얼굴을 붉히고 물러나왔다. 그 길로 원효법사의 거처에 나아가 진요(津要)를 간절히 구했다. 원효가 정관법을 만들어 그를 이끌어 주니 엄장은 이에 몸을 깨끗이 하고 뉘우쳐 책하고 오로지 관을 닦기에 힘써 또한 서방정토로 오를 수 있었다.

노래는 매우 단순하고 직설적이다. 발화의 매체인 달을 통해 극락에 있는 무량수불(無量壽佛)에게 '왕생극락의 소원'을 전해달라는 뜻을 중심내용으로 한 노래다. 전체는 세 부분[달님~사뢰소서/다짐 깊으신~사뢰소서/아아,~있을까]으로 이루어져 있다. 특히 첫째 단과 둘째 단의 마무리는 '사뢰소서(白遣賜立)'로 반복된다. 무량수불에 대한 서원이 노래의 중심내용임을 보여주는 점이다.

서원의 대상은 무량수불, 사뢰는 주체는 달, 서원자는 광덕이나 광덕 처 혹은 엄장과 같이 극락왕생을 염원하던 당대의 서민들이었다. 첫 단에서는 매개자인 달을 호칭한 다음 서원의 대상자를 지목했고, 두 번 째 단에서는 노래의 핵심 내용을 구체화 했다. 즉 달을 통해 전하려는 메시지의 내용[왕생극락을 서원하는 사람이 있음]을 구체적으로 말하고 있는 것이다. 서원자인 자신을 빼놓고 48가지 대원을 이룰 수 없을 것이라는 강한 요구를 제시한 것이 마지막 단이다.

배경설화에 등장하는 인물은 광덕, 광덕의 처, 엄장, 원효 등인데, 앞의 세 사람은 아미타불을 존숭하던 당대 서민들을 대표하는 인물들일 것이고, 원효는 정토종(淨土宗)을 통해 서민들의 아픔을 달래고 극락왕생에의 꿈을 심어주던 민중불교의 대표적 인물이었다. 배경설화에 등장하는 주목할 만한 내용으로는 '광덕이 신라의 유명한 사찰 촌인 분황사(芬皇寺) 서쪽 마을에 살면서 신 삼는 것을 업으로 하고 있었다는 것, 엄장은 남악에 암자를 짓고 살면서 크게 농사를 짓고 있었다는 것, 광덕과 광덕 처가 동거 10여 년 동안 한 번도 정을 통하지 않았다는 것, 광덕이 왕생 후 광덕처가 정을 통하려는 엄장을 꾸짖어 깨닫게 했다는 것, 부끄러움을 당한 엄장이 원효에게 가서 정관법(淨觀法)을 받고 수행하여 결국 극락왕생했다는 것, 광덕과 엄장의 이름이 상징하는 의미가 범상치 않다는 것' 등이다.

말하자면 배경설화에는 정토사상과 함께 금욕을 통한 왕생극락의 발원이 주를 이루고 그를 위해 수행해야 할 정관법의 지침이 들어 있다. 음욕을 사리(捨離)하고 청정(淸淨)하게 내면을 관조하는 수행법이라 할 수 있을 것이다.

천태지자대사(天台智者大師)의 「정토십의론(淨土十疑論)」 가운데 열 번 째의 주지(主旨)가 바로 정관법에 관한 것이다. 부정한 여신(女身)에 대한 탐심을 끊고 왕생극락의 뜻을 밝히며 극락정토의 장엄함을 관상하는 것이 바로 정관법의 핵심이고, 그 뜻이 바로 <원왕생가>의 배경설화에 담겨 있다. 그러니 이 노래와 배경설화에는 남녀간의 문제, 서방정토의 문제, 수행의 목적과 방법 등이 두루 설파되어 있는 셈이다.

노래에서 언급된 48대원은 『무량수경(無量壽經)』에서 언급된 그것들이다. 아미타불이 법장비구로 있을 때 세자재왕(世自在王) 부처의 처소에서 세운 서원이 바로 48원이다. 210억의 불국토를 부처의 신력으로 관(觀)하고 선택섭취(選擇攝取)한 대원이므로 선택본원(選擇本願)이라고도 한다. 그 48대원 가운데 제35원이 '여인왕생원(女人往生願)'이다. 여성도 정토에 왕생하여 남자의 몸이 될 수 있다고 본 것이 그 말 속에 들어있는 기본 뜻이다.

음욕의 근원은 여인의 몸이며, 극락에 왕생하여 여인의 몸을 벗어나는 것이 수행하는 여인들의 간절한 소망이기도 하였다. 용왕의 여덟 살 난 딸이 문수보살의 인도로 남자의 몸이 되어 남방세계에서 성불했다는 내용이 『법화경』에 나오는데, 그 역시 이런 관념의 연장선에 있다고 할 수 있다. 따라서 '이 몸 남겨두고/마흔 여덟의 큰 서원을 이루실 수 있을까'라는 <원왕생가> 마지막 단의 구절을 본다면, 화자는 분명 여성, 굳이 꼽자면 광덕의 처라고 할 수 있다.

배경설화의 마지막 부분에 나오는 말[그 부인은 곧 분황사의 사비로서 대개 19응신 가운데 1덕이었는데, 일찍이 노래를 지어 가로되... ; 其婦乃芬皇寺之婢 盖十九應身之一德 嘗有歌云]로 미루어 보아도 이 노래는 광덕의 처가 지은 것이 분명하다. 따라서 둘 째 단 "원왕생! 원왕생!/그리 외는 사람 있다고 사뢰소서"의 '그리 외는 사람'은 광덕 처 바로 자신을 지칭하고 있음을 알 수 있다. 즉 광덕이 왕생극락한 다음 혼자 남은 처가 수행하면서 지어 부른 노래임에 틀림없다는 것이다.

그런데 그녀는 19응신(十九應身)가운데 일덕이라 했다. 십구응신이란 관음의 응신인 보광대사(寶光大師)를 지칭하며 이 경우 '19'는 '법화보문품(法華普門品)' 삼십삼신(三十三身) 십구설법(十九說法) 가운데 19설법을 가리킨다. 그 가운데 하나라고 했으니 광덕의 처를 관음보살의 화신으로 보는 견해가 타당할 것이다. 음욕에 사로잡혀 범부의 세계를 방황하던 엄장을 선도하여 극락왕생시킨 것만 보아도 그녀가 관음보살의 화신임은 분명하다. 엄장까지 왕생극락 시킨 마당이니 아미타여래가 있고 남편 광덕이 가 있는 극락세계로 왕생하고 싶다는 서원을 피력했을 것이다.

달을 매체로 등장시켜 화자의 메시지를 전하려 한 노래의 구조로만 본다면 대략 비슷한 시기부터 불려온 <정읍사>와 유사하다.

달님이시여!

높이높이 솟으시어
멀리멀리 비추어 주소서
전주 저자에 가 계신가요?
아, 진창길을 밟고 다니실까 두려워요
어느 것이나 다 놓고 다니셔요
아, 내 님 가는 곳이 어두울까 두려워요

이 노래 역시 세 부분[달님~주소서/전주~다니셔요/아, ~두려워요]으로 나누어지며, 달을 등장시켜 화자의 소망을 말했다는 점에서 구조적으로 <원왕생가>와 상통한다. 두 노래는 어쩌면 같거나 최소한 비슷한 형식으로 가창되고 있었을 지도 모른다. 달은 화자인 아내와 청자인 남편을 매개해주는 역할을 하고 있다.

<원왕생가>에서도 광덕 처는 달을 무량수불[혹은 광덕]에게 자신의 생각을 전하는 메신저로 간주하고 있다. 화자인 광덕 처의 소망은 열심히 아미타불을 염원하여 극락왕생하는 데 있었고, 그런 소망이 아미타불은 물론 광덕에게도 전달되기를 바랐던 것으로 보인다. 노래에 들어있는 내용도 바로 그런 점을 암시한다. <정읍사> 화자의 경우 달에게 자신의 소망을 투사하고 있으며, 따라서 혼잣말인 듯 보이는 후반부의 내용도 달을 통해 남편에게 전달되길 바라고 있다는 점에서 <원왕생가>의 경우와 일치한다. 그런 점에서 두 노래는 구조적으로 상통한다고 할 수 있다.

<원왕생가>의 배경설화는 전체가 4 부분으로 나누어지는 서사구조다. 서두[사건의 제시:광덕의 죽음 암시], 전개[광덕의 죽음 확인/광덕 처와의 만남/엄장의 행위와 광덕 처의 반응], 전환[엄장에 대한 광덕 처의 꾸짖음/엄장의 부끄러움], 결말[엄장이 원효에게 나아가

정관법을 받고 수행에 몰두하여 극락왕생을 이룸] 등이 그 구조다. 특히 엄장이 광덕 처로부터 꾸지람을 받고 부끄러움을 느낀 부분은 이 서사구조의 클라이맥스라 할 만하다.

죽은 친구의 아내와 동침하는 것이 크게 이상치 않았을 당시 서민들의 성의식으로 미루어, 엄장에게는 광덕 처의 거부가 일견 예상치 못한 반응이었을지도 모른다. 광덕 처는 꾸지람으로 그치지 않고 어떻게 수행해야 하는지에 대해서도 가르침을 내리고 있다. 극락에 왕생하려면 몸을 정결히 해야 하고, 몸을 정결하게 가져야 마음도 정결해진다는 것, 몸을 정결하게 갖기 위해서는 일념으로 아미타불을 염송하며 잡스러운 욕망이 틈입하지 않도록 조심해야한다는 것 등이 이 설화에 표현된 수행의 요체(要諦)다.

어쩌면 문란에 가까울 정도로 자유분방했던 신라인들의 욕망과 성의식을 우회적으로 비판하려는 의도가 이 설화에는 담겨 있다. 아래 위를 막론하고 지나치게 현세적인 육욕에 탐닉하고 있던 당시 시대 현실을 보면서 불교인으로서 우려를 금하기 어려웠을 것이다.

욕망은 놓아둘수록 더욱 커지고, 종국에는 걷잡을 수 없는 상황으로 치닫게 된다. 말하자면 이성이 제어할 수 없는 단계에 이를 경우 인간의 평상심은 더 이상 유지할 수 없게 된다. 욕망을 단진(斷盡)함으로써 욕망을 다스려야 한다고 보는 것이 불교의 관점이다. 여자와 함께 있으면서도 그 욕망을 자연스럽게 초극할 수 있어야 일정한 단계에 오른 것으로 인정할 수 있다고 보는 게 일반적인 관점인데, 그것은 혼자 있으면서 자신의 욕망을 초극하는 것보다 훨씬 어렵기 때문이다. <원왕생가>의 배경설화는 바로 그런 상황을 보여주는 이야기다.

'광덕, 광덕 처, 엄장, 원효' 등의 인물들은 신라 당대의 서민사회 혹은 서민사회와 연결되어 있던 불교계의 일각을 보여주는 상징적 의미를 지니고 있다. 그러나 그들은 일상에서 늘 욕망의 충족을 위해 애쓰는 존재들이었다. 그러나 욕망의 충족은 일시적인 것일 뿐, 또 다른 욕망의 추구로 이어지기 때문에, 결국 인간은 욕망 속에서 허우적대다가 삶을 마치게 된다는 점을 이 글의 기록자는 깨달았으리라.

한 시도 쉼 없이 증대되는 욕망을 끊는 것만이 인간의 존엄을 유지할 수 있는 유일한 길임을 그는 알게 되었을 것이다. 그러나 욕망을 끊기 위해 어떻게 해야 하는지는 말하지 않았다. 당대인들의 내세관과 현실적 행동양식을 적절히 결합시키고, 욕망의 단진과 극락왕생을 인과관계로 연결시킨 기록자의 참뜻도 바로 여기에 있다.

배경설화에서 노래와 부합되는 곳이 어느 부분인지는 분명치 않다. 짐작컨대 광덕이 죽고 엄장까지 깨우치고 난 다음 어느 시점에 광덕 처가 지어 부른 것이 바로 이 노래였을 것이다. 엄장이 '장엄불국토(莊嚴佛國土)'로 왕생한 다음 이 노래를 열심히 부르면서 수행했을 광덕 처도 마찬가지로 극락세계에 왕생했을 것이라는 점이 이 배경설화에는 암시되어 있다.

깨달음의 미학적 지속

<원왕생가>의 시문법이나 의도는 지금도 유효하고, 그 정신은 현대 시인들에게도 계승·지속되고 있다. 다음은 박희진의 구도 시 <진

달래 정토(淨土)길>이다.

> 이곳에서 서쪽으로 십만억 국토 지나야 극락이죠.
> 하지만 대뜸 갈 수 있는 지름길을 알았어요.
> 당신도 가려거든 먼저 심신을 탈락시키세요.
> 진달래 보면 진달래 되는 방법을 익히세요.
>
> 그 진달래 정토길엔 진달래가 무진무진
> 피어 있습니다. 꽃송이가 십만억 개는 됩니다.
> 꽃송이마다 하나씩 찬란한 국토가 들어 있죠.
> 송이송이 빛 뿜는 분홍빛 국토의 이름은 황홀.
>
> 또는 고요, 자비, 평화, 청정, 부드러움......
> 어디서인가 오색이 선연한 수퀑이 한 마리
> 날아오기도 하고, 옴마니반메훔 진언이 들리는데,
>
> 오, 저만치 연꽃자리 위엔 꿈처럼 앉아 계신
> 아미타불이 미소를 흘리시죠. 진달래 빛 放光으로
> 삼천대천세계를 밝히시죠, 환히, 구석구석.[2]

네 연으로 이루어진 이 시는 3단의 의미구조를 지니고 있다. 1연의 핵심 내용은 '극락 가는 지름길은 심신을 탈락시키는 것/진달래 보면 진달래 되는 것'인데, 그것이 서사(序詞)의 주지(主旨)다. 심신을 탈락시킨다는 것은 무엇일까. 욕망의 근원인 몸과 마음을 버리라는 것이다. 그런 다음 진달래와 하나가 되라는 것이다. 시인은 진달래 흐드러지게 핀 봄날의 산을 본 것일까. 진달래 핀 산길을 정토로

2) 박희진, 『북한산 진달래』, 산방, 1990, 184쪽.

가는 길이라 여긴 것이리라. 어쩌면 이승을 떠난 육신을 상여에 싣고 흔들흔들 진달래 흐드러지게 핀 산길을 걸어가고 있는지도 모른다. 그 진달래 꽃 길이 흡사 극락정토로 이어져 있다고 생각하는지도 모른다. 그래서 제목을 '진달래 정토길'이라 한 것이나 아닐까. 어쨌든 몸과 마음을 모두 버리고 산자락에 깔린 듯 피어있는 진달래와 합일시키라는 주문(注文)을 서사에서 강조했다.

본사를 구성하고 있는 둘째 연에서는 망설임 없이 '진달래 정토길'을 제시했다. 많은 꽃들이 피어있음을 강조한 '십만억 개'는 불교적 수 개념이자 아름다운 구원(救援)의 분위기를 묘사한 용어다.

꽃송이마다 내뿜는 분홍빛 아름다움을 '황홀'이라 했다. 황홀이란 "①빛이 어른어른하여 눈이 부심/②(사물에 마음이 팔려) 멍한 모양/③미묘하여 헤아려 알기 어려움" 등의 뜻을 지닌 명사 혹은 형용사다. ①, ②, ③은 각각 독립적인 의미영역을 지시하는 풀이들이면서도 서로 병렬 혹은 인과관계로 연결되기도 한다. 즉 ③은 ①, ②의 원인이면서 결과이기도 하고, 그 반대이기도 하다.

알 수 없는 아름다움 '황홀'은 욕망과 이성을 뛰어넘은 불가지(不可知)의 상태 혹은 세계를 말한다. 불국토가 그렇다고 했다. 온산에 흐드러지게 피어있는 진달래꽃이 바로 그런 상태를 만든 것이다. 그러다가 셋째 연에서 '고요, 자비, 평화, 청정, 부드러움'을 말했다. 그건 진달래의 분위기라기보다는 진달래로부터 연상된 불국토의 속성 그 자체를 말한다. 그러다가 셋째 연 둘째 행에서 '수퀑 한 마리'를 등장시켰고, 마지막 연에서 옴마니반메훔의 진언을 들었다. 수퀑 한 마리는 이승을, 옴마니반메훔의 진언은 극락세계를 형상한다. 화자가 지금 서 있는 시공(時空)이 이승인지 극락인지 헷갈리는 화자의

▲아미타여래좌상(영주 부석사 무량수전)

마음 상태를 나타내는 것이 바로 이 상반되는 표현들이다.

시인은 결사에서 드디어 아미타불을 끌어온다. '진달래 빛 방광(放光)으로 삼천대천세계를 밝히시는' 아미타불의 미소를 들었다. 드디어 화자는 아미타여래가 좌정하고 있는 극락으로 들어온 것이다. 바로 앞에서 수쿵의 울음소리를 들었던 화자는 이제 아미타불의 미소를 보고 있는 것이다. 즉 '차안(此岸)이 피안(彼岸)이고 피안이 차안'인 융통무애(融通無㝵)의 황홀경에 몰입한 것이다. 박희진의 <진달래 정토길>이 <원왕생가>보다 불교노래로서 훨씬 미학적으로 완성된 모습을 보여준다고 하는 것도 그 때문이다.

<원왕생가>는 극락왕생에의 희원(希願)을 직설했을 뿐, 불국토의 아름다움을 형상하는 데에는 그다지 신경을 쓰지 않았다. 그러나 <진달래 정토길>은 화자가 서 있는 이승에서 불국토를 발견하고, 그 아름다움을 성공적으로 그려냈다. 흡사 화가가 스케치하듯이 진달래 흐드러지게 핀 봄 산의 황홀함을 자세히도 그려낸 것이다. 따라서 <원왕생가>의 미학이 현대시인 박희진에게 계승되어 보다 세련된 모습으로 형상화 되었다고 할 수 있다.

성-속 갈등과 융합의 미학

<원왕생가>와 그 배경설화에 단순히 불교의 교리나 철리(哲理)만 설명되어있는 것은 아니다. 그것은 당대 서민들이 보여주는 삶의 진실과 삶에서 오는 고통을 초극하는 방법 등이 암시되어 있는 복합적 텍스트라 할 수 있다. 귀족들과 달리 서민들은 현세에 큰 기대를 걸 수 없었을 것이다. 따라서 그들이 추구한 것은 내세일 수밖에 없었다. 아미타불이 좌정하고 있는 극락정토야말로 저승에서 그들이 갈 수 있는 최상의 공간이었다. 그러나 그곳에 가기 위해서는 현실적인 탐욕, 그 가운데 음욕을 버려야만 했다. 그래서 당시 서민계층 수행자들은 육욕을 떠나 아미타불을 염원하며 극락왕생의 때만 기다렸던 것이다.

광덕 부부와 엄장은 극락왕생을 염원하며 현실의 괴로움을 극복해가던 당대 서민들을 대표하는 존재들이다. 원효는 정토종을 주창하여 서민들을 올바른 방향으로 이끌던 지도자였다. 그래서 <원왕생가>와 배경설화가 융합된 텍스트는 성(聖)과 속(俗)의 이중구조로 되어있다. 속의 구조에서는 광덕부부와 엄장이라 할지라도 욕망의 굴레를 벗어나지 못한 실존적 존재들이었다. 특히 광덕 처를 선망해 온 엄장은 단순히 육욕의 포로가 되어있던 존재이었음에 틀림없다. 그러나 성의 세계에 들어가면 확연히 달라진다.

이 부분에서는 '현(賢):우(愚), 각(覺):미각(未覺)'의 대립구조를 통해 정신세계의 진면목을 표현했다. 결과적으로 육욕의 세계보다 정신적 세계가 우위에 선다는 진리 혹은 진실을 말하고자 한 것이

<원왕생가>와 배경설화가 융합된 텍스트라 할 수 있다.

기록자는 분황사 사비(寺婢)인 광덕 처를 관음보살의 현신으로 표현했다. 세상에는 신심과 도력(道力)에서 속인들을 뛰어넘는 사람들도 많다. 그런 사람들을 불교적 관점에서는 '관음보살 같다'고 한다. 여인의 몸을 타고 났으면서도 광덕을 음욕의 세계로부터 절리(絶離)시켜 극락왕생케 했고, 엄장을 꾸짖고 타일러 구제함으로써 결국 극락왕생시킨 존재가 바로 광덕의 처인 것이다.

중생이 명호를 부르면 그 소원을 성취시켜 주는 존재, 관세음보살. 그는 중생의 소리를 '보는' 힘을 지녔고, 도탄에 빠진 중생을 구제하는 힘을 지녔다. 사실 당대에 분황사의 사비라면 미천한 여인으로서 세인들로부터 천대를 받았을 것이다. 그러나 뛰어난 신심과 법력으로 두 남자를 구제했으니, 그만 하면 세인들이 그녀를 '관음보살의 응신'이라 부를 만하지 않았겠는가. 그래서 <원왕생가>는 미래에도 살아남을, 끊임없는 '자기구제의 서원(誓願)'인 것이다.

제2장

현실과 이상의 서정적 결합, 그 상상력의 결정체

―〈도솔가〉의 의미와 표현미학―

삶과 역사, 그리고 상상력

기록으로 남아있는 옛 일들 가운데 상당수는 사실(史實)들임에도 그 실재성을 확신할 수 없는 경우가 많다. 요즘 사람들의 시각에서 보아 비현실적이라는 이유로 그것들은 철저히 비과학적이거나 환상적인 '작화(作話)'로 취급되곤 한다. 시대에 따라 사람들의 관념체계나 이성의 범위가 다름에도 불구하고 언제나 기준은 '현재의 우리'에 맞추어져 있기 때문이다.

실재의 세계에만 진실이 있는 것은 아니다. 진실을 알맹이로 하는 환상은 오히려 실재의 세계를 뛰어넘는 법이다. 그런 점에서 은유의 세계인 문학은 실재의 세계보다 훨씬 보편적인 삶의 진실을 표상한다. 옛날에 이루어진 '역사적 성격의 기록들'도 인간적 진실의 보편성을 추구한다는 점에서 문학적 기록과 얼마간 근접해 있는 것 또한 사실이다. 요즈음은 역사와 문학이 별개의 분야로 분업화 되어있고, 문학적 상상력과 역사적 상상력의 분화 또한 엄정하지만, 옛날의 역사가들은 사실상 당대 최고의 문인들이었다.

역사철학자 카아(E. H. Carr)의 말대로, '역사란 해석'이다.[1] 그러니 옛날에 이루어진 역사적 성격의 기록들도 기록 시점보다 훨씬 전에 실재했던 역사적 사건들을 해석한 결과물일 뿐이다. 이 때 작용하는 역사적 상상력은 사실에 대한 해석을 바탕으로 발휘된다. 그러나 사실에 대한 해석을 근거로 하되 그것을 뛰어넘는 데서 문학적 상상력은 발휘된다. 이런 점에서 이 글의 대상인 <도솔가>와 같이 향가와 배경설화의 결합은 역사적 상상력과 문학적 상상력의 절묘한 결합체라 할 수 있다.

일연스님은 처음부터 역사가의 차원을 뛰어넘는 관점과 사명감으로 『삼국유사』를 편찬했다. 책의 첫머리에 '기이(紀異)' 편을 배치했다거나, "제왕이 장차 일어날 때, 부명(符命)을 받고 도록(圖籙)을 받들어 반드시 보통 사람보다 다름이 있은 뒤에 큰 변화를 타고 큰 그릇을 쥐고 큰 사업을 이루는 것이다.…삼국의 시조가 모두 신이한 데서 나왔다 한들 무엇이 괴이할 것이 있으랴."라고 일갈한 서문의 내용으로 미루어 보더라도 그가 지니고 있던 역사적 상상력의 폭과 깊이가 얼마나 대단한 것이었는가를 알 수 있다.

<도솔가>는 단순한 불교 의식요가 아니며, 그 배경산문 또한 단순한 사실의 기술이 아니다. 양자가 하나로 통합된 서술 속에는 그 시대의 정치적 현실과 이상이 녹아 있으며, 단순한 서정이나 서사로

---

1) 길현모 역, 『역사란 무엇인가』, 탐구당, 1976, 29쪽.

규정할 수 없는 미학이 구현되어 있다. 같은 기록 안에서 <도솔가>의 작자로 나오는 월명사는 <제망매가>의 작자이기도 하다. 전자는 미륵신앙의 의식요이나 후자는 미타신앙을 표상한 의식요이다. 얼핏 모순되는 사실이기도 한데, 그만큼 착종된 당시의 현실을 보여주는 점이라 할 수 있다. 현실적 측면으로 볼 경우는 모순이나 거기서 약간만 떠나면 초탈한 서정의 아름다움으로 상승한다. 이 점이 바로 <도솔가>의 의미나 미학이 구체화 되는 단서다.

<도솔가>의 아름다움과 현실

『삼국유사』 권 5 '월명사 도솔가'조의 기록은 다음과 같다.

경덕왕 19년 경자 4월 초하룻날 두 해가 나타나 열흘이 넘도록 사라지지 않았다. 일관이 아뢰었다.

"연승을 청하여 산화공덕(散花功德)을 지으면 그 재앙을 물리칠 것입니다."

이에 조원전에 불단을 깨끗하게 마련하고 왕이 청양루에 거둥하여 연승이 오는 것을 기다리더니, 이 때 월명사가 천맥사의 남쪽 길을 가는 것이었다. 왕이 불러 단을 열고 계문을 짓게 하였다. 명이 아뢰기를 "신은 다만 국선의 무리에 속해있어 향가만 알고 범패에는 익숙치 못합니다."고 했다. 왕이 말하기를 "이미 연승으로 점지되었으니 비록 향가를 쓰더라도 가하다."고 하니 월명사가 이에 <도솔가>를 지어 바쳤다. 그 노랫말에 이르기를

오늘 이렇게 산화가를 부르노니
보배스런 꽃아 너는,

곧은 마음이 시키는 대로
미륵좌주를 뫼시어라

今日此矣散花唱良
巴寶白乎隱花良汝隱
直等隱心音矣命叱使以惡只
彌勒座主陪立羅良

이 노래를 풀면 다음과 같다.

용루에서 오늘 산화가 부르며
청운에 한 송이 꽃을 가려 보내네
이는 은중하고 곧은 마음이 시킨 바이니
멀리 저 도솔천의 대선가를 맞이하라

龍樓此日散花歌
挑送靑雲一片花
殷重直心之所使
遠邀兜率大僊家

지금 세속에선 이것을 산화가라 하나 잘못된 것이다. 마땅히 도솔가라 해야 한다. 별도로 산화가가 있으나 노랫말이 많아 싣지 않는다. 얼마 되지 않아 해의 변괴가 사라졌기에 왕이 가상하게 여겨 좋은 차 한 봉지와 수정 염주 108개를 하사했다. 이 때 갑자기 동자 하나가 나타났는데, 모습이 곱고 깨끗했다. 공손히 차와 염주를 받들고 대궐 서쪽의 작은 문으로 나갔다. 월명은 이 동자가 내궁의 사자라 했고, 왕은 월명사의 종자라 했으나 곧바로 신이한 징표가 나타나자 둘 다 잘 못 안 것이었다. 왕이 심히 이상하게 여기고 사람을 시켜 뒤쫓게 하니 동자는 내원의 탑 속으로 들어가 숨어 버렸다. 차와 염주는 남쪽 벽의 미륵불상 앞에 있었다. 월명의 지극한 덕과 지극한 정성이 미륵보살을 소격시

킴이 이와 같음을 알고 조정이나 민간에서 모르는 이가 없었다. 왕은 더욱 공경하여 다시 비단 100필을 주어 큰 정성을 표했다.

두 개의 해가 나타나 열흘 간 사라지지 않았다는 것, 연승으로 지목한 월명이 <도솔가>를 지어 부르자 일괴(日怪)가 소멸되었다는 것, 월명에게 선물을 내리자 동자로 화한 미륵불이 나타났다는 것 등이 이 글의 골자들이다.

두 개 혹은 세 개의 해가 나타났다는 기록들은 이 외에도 종종 보인다. 두 개의 해가 나타나 죄수들을 크게 사면한 혜공왕(758~780) 2년의 일이나 세 개의 해가 나타난 문성왕(839-857) 7년의 일 등을 그 대표적인 예로 들 수 있다. 경덕왕(742~765)의 사왕(嗣王)인 혜공왕 대에는 나라가 심히 혼란했었으며, 문성왕 대 역시 정치가 어지러웠다.

특히 『삼국사기』의 해당 기록에서는 세 개의 해가 나타난 사실과 청해진의 장보고(?~846)가 자신의 딸을 비로 들이지 않은 왕에게 반기를 든 사건을 직결시키고 있다. 정치적·사회적 혼란이 그것들만으로 그치는 게 아니라 천체의 괴변과도 연결된다는 사실을 현실세계의 사태에 대한 증좌로 제시하고자 한 옛 사가들의 생각이 일정한 틀로 고정되어 있었음을 보여주는 점이기도 하다.

천체·자연의 변괴와 인간세상의 어지러움이 필연성을 지닌 인과관계로 이어지지 않는다는 것은 객관적·과학적 차원의 생각이다. 그러나 그들은 과학이나 가시적 객관의 세계를 초월한 우주적 상상력에 바탕을 두고 있었다. 그런 상상력을 통해서 그들은 현실과 이상을 통합시킬 수 있었다. 즉 한시도 쉼 없는 천체의 움직임을 인간의 삶이나 역사와 연결시킨 바탕에 작자의 상상력이 있다.

따라서 '두 개의 해가 나타나 열흘 간 사라지지 않았다'는 사실은 극도로 혼란했던 당시 정치·사회의 상황을 은유하거나 상징하는 것으로 해석되어야 옳다. 그런 변괴를 물리치고자 초빙한 것이 월명이고, 월명은 그 자리에서 <도솔가>를 지어 불렀다. <도솔가>는 미륵신앙을 구현한 노래다. 상생신앙과 하생신앙으로 나뉘는 것이 미륵신앙이다. 미륵불이 머물고 있는 도솔천에 태어나기를 바라는 것이 전자요, 미륵불이 인간세계에 태어나 중생을 구원해줄 것을 갈망하는 것이 후자다. 특히 신라 사람들은 왕왕 후자를 화랑의 존재와 직결시키기도 했다. 그런데, 월명사가 <도솔가>를 부르자 동자가 나타나 이적을 행했다고 한다. 그리고 문면에서는 그 동자가 미륵불임을 강하게 암시했는데, 이것은 미륵 하생을 믿는 신라인들의 신앙형태를 분명히 보여준다. 말하자면 당시 많은 신라인들은 미륵불이 하생하여 힘없는 민중을 구해줄 것을 바라고 있었다는 것이다.

보다시피 <도솔가>는 4구체의 향가로 일컬어지는 노래다. 그런데 당시 사람들에게 이 노래가 <산화가>로 잘못 알려져 있었던 것 같다. 그래서 일연은 이 노래가 <도솔가>일 뿐 <산화가>는 아니라 했다. 여기에 싣지 못할 정도로 <산화가>의 노랫말은 길다는 것이다. 말하자면 <산화가>는 산화공덕을 행하면서 부른 노래다.

그런데 <산화가>가 아니라면 <도솔가>는 과연 무얼까. 이 의문 속에 이 노래의 본질을 파헤치는 핵심적 열쇠가 들어있다. 일반적으로 '산화가'는 산화의 행사에서 꽃을 뿌리며 읊거나 부르는 가타(伽陀)를 말한다. 32자에 달하는 수로가타(首盧伽陀), 4구의 결구가타(結句伽陀) 등이 있는데, 분명히 말하여 <도솔가>를 가타에 속한다고 볼 수는 없다.

그렇다면 <도솔가>는 어떤 상황을 노래한 것일까. 애당초 경덕왕은 산화공덕을 행할 연승을 구했다. 그러나 월명은 '국선의 무리에 속해 있어 향가만 알 뿐 범패는 모른다'고 했다. 앞서 미륵하생신앙과 화랑 즉 국선이 연결된다고 했는데, 이 점도 매우 중요한 점을 시사한다.

어쨌든 범패를 알지 못한다고 한 월명에게 산화공덕을 행하라고 할 수는 없었지만, 그렇다고 당시 재야의 승려 가운데 '영향력이 컸던' 월명을 그냥 보낼 수는 없었다. 문면에는 자세한 내용이 생략되어 있지만, 산화공덕은 그것대로 진행되었을 것이다. 다만 월명은 그 산화공덕의 장면을 향가로 그려내서 불렀을 뿐이다. 그 노래가 바로 <도솔가>다. 말하자면 <산화가>를 포함한 제의로서의 산화공덕 행사 전체를 소재로 삼아 불러낸 것이 바로 이 노래인 것이다.

그런데 왜 경덕왕은 그런 노래라도 부르게 할 수밖에 없었을까. 승려와 화랑을 겸하면서 권력에 초탈했던 재야인사 월명의 명망 때문이었을 것이다. 이미 그는 죽은 누이를 추모하는 <제망매가>를 통해 이적을 보여준 바 있었다. 그러니 비록 산화공덕의 노래 자체는 아닐지라도 월명의 향가를 통해 민심을 끌어들이는 일이 경덕왕에게는 절실했던 것이다.

<도솔가>의 첫 행은 <산화가>를 부르는 사실에 대한 언급이고, 둘째 행은 산화 행사에 쓰이고 있는 꽃을 돈호한 부분이다. 선학들은 이 부분["巴寶白乎隱花"]을 '베푸숣은 곶→베푸온 꽃'(소창진평), '색쏠본 곶→뿌리온 꽃'(양주동), '보보술븐 곶→솟아오르게 하온 꽃'(김완진) 등으로 풀었으나, '보빅숣온 곶→보배스런 꽃'으로 풀어

야 옳다. 산화공덕에 쓰인 꽃을 '보배스러운 존재'로 보는 것은 그 꽃이 미륵불에 대한 중생들의 정성을 모은 점에서 타당하다.

셋째 행은 미륵불의 내림과 권능을 간구하는 임금과 현세 중생들의 '곧은 마음'이다. 마지막 행의 미륵좌주는 숭배와 간구의 대상인 도솔천의 미륵불이다. 이 노래의 서정 대상은 미륵좌주이나, 꽃을 돈호한 것은 그것이 주술적 효능을 갖는다고 보았기 때문일 것이다.

아름다움을 집약한 존재로서의 꽃은 중생들의 정성을 하나로 묶은 상징체이기도 하다. 현실적인 어려움을 해소해 달라는 간구를, 아름다움을 대표하는 꽃에 투사하여 절대자에게 전하고자 했다. 여기서 꽃은 인간들의 척박한 현실과 그들이 갈구하는 이상을 하나로 묶는 역할을 수행한다. 여기서 척박한 현실은 서사적인 현장이나, 그런 현실과 지향하는 이상을 하나로 묶는 결합 자체는 매우 서정적이다.

천체의 괴변과 인간세계의 혼란상은 인간이 피할 수 없는 현실이고, 그것을 벗어나 질서가 잡힌 곳에서 평화를 누리고자 하는 것은 그들이 간구하는 이상이다. 역사적 상상력이든 종교적 상상력이든 <도솔가>와 배경 산문은 양자를 절묘하게 결합해 놓은 것으로 볼 수 있다.

일연은 이 기록의 말미에 다음과 같은 찬시를 붙였다.

> 바람은 돈을 날려 저승길 노자를 보태주고
> 피리소리는 밝은 달 흔들어 항아의 걸음 머물게 했네
> 도솔천을 멀다고 말하지 말라
> 만덕의 꽃으로 맞이하며 한 곡조 노래하네

風送飛錢資逝妹
笛搖明月住姮娥
莫言兜率連天遠
萬德花迎一曲歌

일연의 찬시 속에는 월명이 행한 이적과 공덕들이 포함되어 있다. 첫 행은 <제망매가> 관련 배경산문에 언급된 이적이고, 둘째 행은 그의 이름 '월명'이 유래된 이적이었다. 즉 둘째 행의 내용은 사천왕사에 살던 월명사가 어느 날 밤 피리를 불며 큰 길을 가자 달이 그곳에 멈추었다는 사실을 가리킨다. 셋째·넷째 행은 왕명으로 <도솔가>를 지어 부른 사실을 드러낸 부분이다.

앞에서 말한 바와 같이 월명은 당시 충담(忠談)과 함께 '명망 있는 재야의 정신적 지도자'였다. 왕도 그 점을 잘 알기 때문에 그를 적극 맞아들여 국가의 위기 해소에 도움을 청했을 것이다. 경덕왕대에 새로운 귀족세력이 부상했고, 그에 따라 신라 중대(中代) 왕실의 전제왕권이 위협을 받기 시작했다. 그런 위기를 타개하고자 경덕왕은 대대적인 관제정비와 함께 개혁조치를 시행했으며, 중국식으로 제도를 바꾸는데도 힘을 기울였다. 그에 대한 귀족들의 반발이 일어났고, 천재지변 또한 빈발했다. 그 결과 국가와 사회는 전반적으로 혼란스러워졌으며, 그런 와중에 나타난 것이 <도솔가>인 것이다.

<도솔가> 시상의 놀라운 변이, 그 미학의 실체

<도솔가> 이후 나라의 안위를 걱정하거나 태평을 기원하는 노래

들은 빈번하게 나타났다. 신불(神佛)에게 국태민안을 기원하는 노래들 또한 속출했다. 개인적 욕구의 표현이 서정의 주류를 이루는 근대 이전에 집단의 안녕에 대한 간구를 미학적으로 표출한 노래들은 제법 많았다. 그러나 현대에 들어오면 <도솔가>의 미학은 아주 달라진다. 시인 김영천의 <도솔가>와 김석규의 <신 도솔가>, 김혜순의 <도솔가> 등을 들어보자.

도솔가

김영천

고승 月明처럼
우주를 넘나들이 하며
호령을 하진 못한다

다만 부끄러워하며
살짝 곁을 주면
이제는 내 은밀한 말을 알아 들을까

오늘은 지천으로 봄을 풀어
해도 달도 꽃향기에 취해
어즐머리를 앓겠다

담쟁이 넝쿨 사이로는
저 비척거리는 햇살[2]

---

2) 김영천, <도솔가>, http://peomlove.co.kr.

신 도솔가

김석규

눈물 자국의 파랑새 서녘 하늘로 날고 있어라.
피리소리 은물결로 부서지는 강물 두 줄기
살아 생전 궂은 일 하도 많은 회한의 놀 속으로
타다 남은 사랑 슬프게 슬프게 걸려 있어라.[3]

도솔가

김혜순

죽은 어머니가 내게 와서
신발 좀 빌어달라 그러며는요
신발을 벗었더랬죠

죽은 어머니가 내게 와서
부축해다오 발이 없어서 그러며는요
두 발을 벗었더랬죠

죽은 어머니가 내게 와서
빌어달라 빌어달라 그러며는요
가슴까지 벗었더랬죠

하늘엔 산이 뜨고 길이 뜨고요
아무도 없는 곳에

---

3) 김석규, <신 도솔가>, 『태평가』, 빛남, 2001, 19쪽.

둥그런 달이 두 개 뜨고 있었죠[4]

전체 9연의 분량에 단순히 <도솔가>와 그 배경산문을 현대시 형태로 재편성한 박희진의 <도솔가>도 있지만, <도솔가>의 모티프로 현대적 정서를 그려내는 데 성공한 경우는 이들 세 작품에서 두드러진다.

우선 김영천의 <도솔가>를 보자. 이 작품에서 차용한 <도솔가>의 소재는 '고승 월명, 꽃'에 불과할 뿐, 사실 <도솔가>의 그것과는 전혀 무관하다 싶도록 완벽하게 새로 만들어낸 작품이다. 시적 화자가 속해있는 시간과 공간은 햇살 좋은 봄날의 한낮이다. 그런데 작품의 핵심은 '내 은밀한 말'이다. 누구에게 해주려는 말일까. 그 대상이 도솔천의 미륵불은 결코 아닐 것이다. 오히려 속마음을 고백하고픈 사랑의 대상일지도 모른다.

도솔천의 미륵불에게 직소(直訴)하지 못하고, 대신 '보배스런 꽃'에게 호통을 치듯 주술적 언사를 내뱉은 고승 월명처럼, 시인은 그 누구에겐가 '은밀한 말'을 전하고 싶은 것이다. 담쟁이 넝쿨 사이로 마구 비쳐드는 햇살, 무르익어 어지러운 봄기운을 이기지 못하는 척 고백하고 싶은 것이 시적 화자의 속마음이다. 그래서 괜스레 <도솔가>의 월명을 끌어 온지도 모른다. 월명은 꽃 한 송이에 대고 도솔천의 미륵불을 불러내려고 큰 소리 쳤지만, 그렇게 하지 못하는 시인은 무르익는 봄날의 햇볕 속에 '은밀히' 자신의 속마음을 누군가에게 전하고 싶었던 것이다.

두 번째 작품의 제목은 '신 도솔가'이지만, <도솔가>와는 전혀 다

---

4) 김혜순, <도솔가>, 『또 다른 별에서』, 문학과 지성사, 1981, 73쪽.

른 시상이다. 미륵불은 도솔천에 살다가 4천세[인간의 56억 7천만 년] 후에 인간에 하생하여 화림원(華林園)의 용화수(龍華樹) 아래서 정각(正覺)을 성취한다는 부처다. 그러니 이 시에서 그런 도솔천이나 미륵불의 흔적을 찾기란 불가능하다.

▲금산사 미륵불

그런데 왜 '신 도솔가'일까. 이 시에 등장하는 시선은 시인의 그것일 테지만, 움직임의 주체는 시적 화자의 시선에 포착된 '눈물 자국의 파랑새'다. 그가 날아가는 곳은 '서녘 하늘'이다. 3행의 '살아생전 궂은 일', '회한의 놀' 등을 보면서 비로소 앞의 이미지들이 갖는 의미를 이해하게 된다. 파랑새가 희망을 상징하긴 하지만, '해 넘어가는' 서녘 하늘로 날고 있는 '눈물 자국의' 그는 오히려 이승의 희망을 접은 존재일 수 있다. 그가 향하고 있는 서녘 하늘은 서방에 있다는 극락세계, 혹은 도솔천일 수도 있다.

뜬 구름 같은 희망 속에서 하루하루 버티는 서민들은 결국 궂은 일들 투성이의 삶 속에서 온통 회한 만을 남긴 채 생을 접기 마련이다. 그런데 그들은 죽어서 어디로 가는가. 사랑도 채 '태우지 못' 했지만, 그들은 미련을 접고 '회한의 놀' 속으로, 아니 '서녘 하늘로' 날아갈 수밖에 없는 존재들인 것이다.

이처럼 시인 김석규는 <도솔가>의 미학을 현대적인 터치로 절묘하게 재현해냈다. <제망매가>와 <도솔가>를 함께 놓고 보면 신라시대의 월명은 미륵신앙과 미타신앙을 모두 수용하고 있었던 것 같다. 미륵이든 미타이든 귀족들은 귀족들대로 평민들은 평민들대로 부처를 생각하며 나름대로의 평안과 만족을 간구했을 것이다. 그러나 월명의 눈에 밟힌 것은 헐벗음과 차별로부터 생겨나는 삶의 신산함으로부터 사무치게 시달림을 받으면서도 오직 아미타불을 염송하며 서방 극락세계로 갈 날만을 기다리는 서글픈 민중들이었다. 어쩌면 시인 김석규는 그런 서민들 가운데 하나를 파랑새로 분장시켜 자신의 작품에 등장시켰는지도 모른다.

김영천·김석규의 작품들과 달리 김혜순의 작품은 월명사 <도솔가>의 이미지들과 매우 먼 거리의 그것들로 이루어져 있다. 평론가 이종이에 의하면, 이 시의 '죽은 어머니'는 성장과정에서 시인과 함께 살아온 그녀의 외할머니라고 한다. '죽은 어머니'로 표현할 만큼 돌아가신 외할머니에 대한 시인의 정감은 절절했던 듯하다.

그런데 과연 이 시의 어느 구석에서 '원래 도솔가'의 흔적을 찾을 수 있단 말인가. 이 시는 '신발→두 발→가슴'으로 상승되는 이미지 구조를 지니고 있다. 그러다가 마지막 연에서 '둥그런 달' 두 개가 등장한다. 원래 <도솔가>의 해 두 개가 여기서는 '달 두 개'로 바뀐 셈이다. 그런데 그 달들은 '둥그렇다'고 했다. '아무도 없는 곳에' 뜬 두 개의 달은 사실 어둠을 밝혀주는 길동무인 셈이다. 더구나 '하늘엔 산이 뜨고 길이 뜬다'고도 했다. 깜깜한 밤, 둥그렇게 뜬 달 두 개는 시적 자아를 올바로 인도해주는 길잡이일 수 있는 것이다.

신라 경덕왕 때 떠오른 두 개의 태양은 없애야 할 천체의 변괴였다. 그러나 이 시에서 '둥그렇게 떠오른' '달 두 개'는 아름다운 모습의 '살아있는 어머니', 그 어머니의 포근한 젖무덤들이다. 깜깜한 밤 아무도 없는 산 속에서 둥그렇게 떠 오른 두 개의 달은 길 잃은 시인에게 무엇보다 반가운 존재, 어머니와 같은 자애로운 존재일 뿐이다.

***

경덕왕 대 <도솔가> 관련 기록은 현실에 대한 서술자의 역사적 상상력과 암울한 현실을 은유하는 문학적 상상력이 절묘하게 결합되어 이루어진 구조다. 그 구조를 좀 더 단단하게 얽어매 주는 접착제가 바로 미륵신앙을 바탕으로 하는 종교적 상상력이다. 도솔천에 주재하는 미륵부처에게 현실의 문제를 알리고자 꽃을 주술 매체로 등장시킨 당대인들의 세계관 그 자체가 시의 원천이 아닐 수 없다.

두 덩어리 해와 보배스런 꽃과 자애로운 미륵불로 이어지는 <도솔가>의 시상은 1200년의 시차를 두고 못 다 이룬 사랑의 한으로, 허무한 서민들의 회한으로, 돌아가신 육친에 대한 그리움으로 각각 환골탈태되었으니. 놀랍도다, 언어를 다듬어 새로운 집을 지어내는 시인들의 야무진 손끝이여!

제3장
비극적인 죽음의 예술적 승화
-〈제망매가〉 미학의 본질-

인간과 삶, 그리고 죽음

동서고금을 막론하고 죽음만큼 무섭고 신비한 현상도 없다. 사랑하는 가족들과 따스한 햇볕 아래 오순도순 즐기다가 한 순간 숨이 끊어져 깜깜하고 차가운 땅 속에 묻히는 이웃들의 모습을 보며 인간은 죽음의 불가항력에 당황한다. 불치의 병으로 신음하다 결국 추하게 탈진한 상태로 고통 속에 죽어가는 모습을 보며, 죽음의 무자비함에 몸을 떤다. 인간이 종교에 귀의하는 것도 살아있는 동안 가차 없는 죽음의 위협으로부터 도피하고자 하는 본능 때문이다.

종교를 성립시키는 것은 절대적인 힘을 지닌 신이다. 신의 존재에 대한 믿음을 통해 죽음의 공포는 얼마간 해소될 수 있다. 그 신의 위력을 빌어 이야기되는 종교적 담론의 핵심은 죽음 혹은 죽음 이후의 세계에 관한 것이다. 사실 인간이 죽음에 대하여 공포를 느끼는 것은 죽는 순간의 통증보다 죽음 이후의 시공에 대한 불안감 때문이다. 살과 뼈가 원소로 해체되어 스며들거나 흩어지면 그 뿐인가. 아니면 육체에서 이탈된 영혼이 또 다른 세계에서 새로운 삶을 영위하는가. 어느 쪽에 서느냐에 따라 죽음을 맞이하는 자세는 판이해진다.

엘리자베스 퀴블러 로스(Elizabeth Kubler Ross)는 인간이 죽음을 맞는 마지막 단계로 '사후 생명에 대한 희망'을 들었다. 사후 세계에 대한 희망을 가진 사람만이 죽음을 새로운 삶의 시작으로 생각하여 순순히 받아들일 수 있다는 것이다. 독배를 마시고 죽어가던 소크라테스는 주변의 지인들에게 "나는 이제 떠날 때가 되었네. 나는 죽기 위해서, 그리고 여러분은 살기 위해서. 그러나 우리들 가운데 누가 더 좋은 일을 만나게 될 것인가, 신밖에는 아무도 모른다네."라고 말했다. 신의 존재를 인정하긴 했지만, 소크라테스 자신도 사후 세계에 대한 확신을 갖지 못했던 것이다.

사후 세계를 믿는 것이 정신위생상 좋다는, 정신분석학자 융(C. G. Jung)의 생각은 종교적 담론의 틀 안에서 죽음에 대한 공포를 극복하려는 현대인의 본능적 욕구를 적절히 지적한 경우다. 키엘케골(S. A. Kierkegaard)은 절망이야말로 죽음에 이르는 병이라 했다. 죽음의 문턱에서 사후 세계의 존재를 믿고 그에 대한 희망을 갖는 일이야말로 죽음을 극복하는 것이니, 죽음의 두려움을 뛰어넘기 위해 만들어낸 종교의 관념체계는 빛나는 인간 지혜의 소산이라 할 것이다. 생명 가진 모든 것들이 피할 수 없는 죽음. 생자필멸(生者必滅)의 우주적 그물망으로부터 자유로울 수 있는 존재는 그 어디에도 없다. 어떻게 죽음을 받아들일 것이며, 조만간 직면해야 할 죽음으로부터 생겨나는 우울함이나 비애를 어떻게 해소할 것인가.

오랜 세월 인간이 만들어온 문화적 집적(集積)의 대표적 키워드는 '삶과 죽음'이다. 시간의 물결에 떠밀려가는 생명체들. 그래서 생명체에게 '살아가는 것'은 곧 '죽어가는 것'이다. 삶과 죽음이 외연으로는 상반되는 개념들이지만, 이면적으로는 동의어인 것도 그 때문이다.

예로부터 우리는 죽음에 대한 무수한 담론들을 만들어 왔다. 죽음의 미덕을 찬양하는 경지가 바로 그런 담론들의 극단이다. 그것들은 말하자면 죽음에 대한 공포로부터 효과적으로 벗어나기 위한, 이른바 자기방어(自己防禦)의 기제(機制)라 할 수 있다. 거추장스런 육신을 벗어버리고 홀가분한 상태로 신들의 세계에 들어가 새 삶을 살고 싶다는 욕망은 현세적 삶이 괴로운 민초들의 전유물이었다. 그러면서도 실제로는 이승에서의 삶을 더 연장하고자 하는 것이 모든 이의 본능적 욕구였다. '개똥밭에 굴러도 이승이 좋다'는 속담은 죽음을 거부하는 그들의 본능을 표현한 말이다. 그런 욕구의 한 편에 죽음의 불가피성을 인정하고, 심지어 찬양하는 표현까지 생겨나는 것이다.

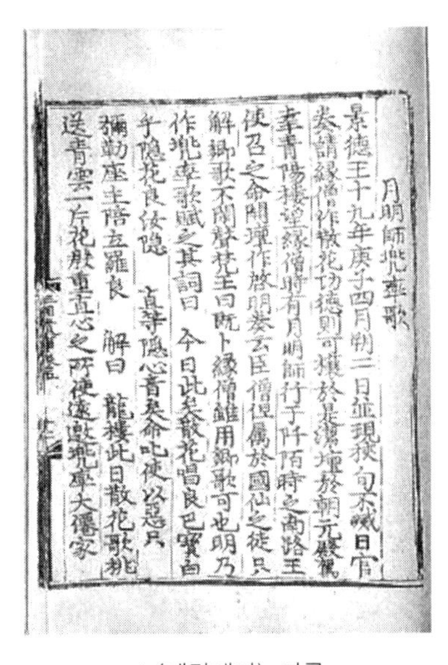

月明師兜率歌
景德王十九年庚子四月朔二日並現挾旬不滅日官
奏請緣僧作散花功德則可禳於是潔壇於朝元殿駕
幸靑陽樓望緣僧時有月明師行于阡陌時之南路王
使召之命開壇作啓明奏云臣僧但屬於國仙之徒只
解鄕歌不閑聲梵王曰旣卜緣僧雖用鄕歌可也明乃
作兜率歌賦之其詞曰 今日此矣散花唱良巴寶白
乎隱花良汝隱 直等隱心音矣命叱使以惡只
彌勒座主陪立羅良 解曰 龍樓此日散花歌挑
送靑雲一片花殷重直心之所使遠邀兜率大僊家

▲〈제망매가〉 기록

죽음은 문학이나 예술적 표현물에서 반복적으로 나타나는 중요한 제재들 중의 하나였다. <제망매

가>는 기록으로 남겨진 것들 가운데 꽤나 이른 시기의 노래다. 작자가 비교적 소상히 설명되어 있고, 표현기법이 세련되어 있으며, 그 사상적 배경 또한 분명하다. 그 뿐 아니라 노래를 둘러싼 정황이 신비화 되어 있다는 점에서 무엇보다 우리의 흥미를 끈다. 말하자면 가장 흔한 주제를 노래함으로써 보고 듣는 이들의 심금을 울리되, 그 정황이나 배경은 가장 신비스러워 쉽게 결론을 내릴 수 없게 하는 점에 이 노래의 특징이 있다는 것이다. 표면적으로는 '누이동생의 죽음'이라는 개인적 소재를 노래했으면서도 죽음 자체가 자아내는 미학이나 분위기는 개인적 차원을 넘어선다는 점이 특이하다. 삶과 죽음의 언저리에서 이루어지는 서정은 과연 어떤 과정을 거쳐 불심(佛心)으로 윤색되거나 가공되었으며, 어떻게 지속되어 왔을까.

<제망매가>에 내재된 두 얼굴의 사생관

『삼국유사』(권 5) '월명사 도솔가 조'에는 <도솔가>와 <제망매가> 등 월명사가 지었다는 두 노래와 그의 존재를 추정할 만한 몇 가지 단서들이 실려 있다. <도솔가>의 배경산문에는 월명사가 '인연 있는 중'[연승(緣僧)]으로 선택되었다는 점, 화랑의 무리에 속해 있다는 점, 산화공덕의 자리에서 <도솔가>를 지었다는 점 등이 언급되었다. 그 내용에 이어 배경산문이 나오고, 향가에 대한 신라인들의 의식과 향가의 주술적 효용성 등이 설명되어 있으며, 마지막으로 월명사의 행적에 대한 일연의 찬시(讚詩)가 붙어있다. 말하자면 <도솔가>·<제망매가> 등에 직접적으로 관련된 배경적 사실들과 그의 행적 모두가 서로 밀접한 관련을 가지고 있다는 점, 그의 노래들이 보여준 신비스런 힘이 당시 유행하던 향가의 특징적 성격을 전형적으로 보여주었다는 점 등을 일연은 보여 주고자 한 것이다. 먼저 <제망매가>의 배경산문을 보자.

> 월명사가 일찍이 죽은 누이를 위해 재를 올리고 향가를 지어 제사했다. 그 때 갑자기 세찬 회오리바람이 불어 종이돈을 서쪽으로 날려 사라지게 했다.

원래 승려에게 올리던 공양의 불교의식인 재(齋)는 후대에 여러 가지 의식절차가 덧붙으면서 다양한 기복(祈福)의식으로 확대되었다. 개인적 차원의 의식 뿐 아니라 고려조에 이르러서는 인왕백고좌도량(仁王百高座道場)·금광명경도량(金光明經道場) 등 국가적 차원의 각종 호국법회에서도 매우 중요한 의식으로 자리 잡게 되었다. 조선조 이후에는 산 사람이나 죽은 사람의 복을 비는 수륙재(水陸齋)·생전예수재(生前預修齋)·영산재(靈山齋) 등이 주를 이루었다.

이 배경산문에서의 재는 개인적 차원의 추모의식으로서, 죽은 날로부터 49일까지는 7일마다 지내는 제의다. 죽은 지 100일 만에 지

▲영산재에서의 바라춤

내는 것을 백재(百齋), 1년 만에 지내는 것을 소상재(小祥齋), 2년 만에 지내는 것을 대상재(大祥齋)라 하며, 망자의 극락정토 왕생을 기원하는 것은 모든 재에 공통되는 내용이었다. 따라서 월명사가 죽은 누이를 위해 지낸 재가 이것들 중 정확하게 무엇을 지칭하는지는 알 수 없다. 다만 염라대왕이 주재하는 막재에서 천도하는 영험이야말로 무엇보다 크다는 것이 속설이므로, 배경산문 중의 재는 49재의 막재를 지칭했을 가능성이 크다. 그 노래가 바로 다음과 같은 <제망매가>였다.

이승과 저승의 길이
바로 여기 있기에 두려워
'나는 갑니다!' 말도 못하고 갔는가.
어느 가을 불어오는 바람에
여기 저기 떨어지는 잎사귀 같이
한 가지에 나고서 가는 곳을 모르겠구나.
아아, 미타세계에서 너를 만나 볼 날
나는 도 닦으며 기다리련다

生死路隱
此矣有阿米次肹伊遣
吾隱去內如辭叱都
毛如云遣去內尼叱古
於內秋察早隱風未
此矣彼矣浮良落尸葉如
一等隱枝良出古
去奴隱處毛冬乎丁
阿也 彌陁刹良逢乎吾
道修良待是古如

자구의 해독 여하에 따라, 또는 의미 파악 여하에 따라 노래의 단락 구분은 달라진다. 그러나 어떤 경우이든 이 노래는 세 단락으로 나뉜다. 첫 단락[이승과~갔는가]에서 시의가 제시되고 둘째 단락[어느 가을~모르는구나]에서 그것이 심화되며 마지막 단락[아아~기다리련다]에서 종결되는 의미전개의 양상은 자구 해석상의 미세한 차이에 구애받지 않는다. 첫 단락은 누이의 죽음을 직설한 부분이고 둘째 단락은 비유적으로 노래하여 그 비극성을 심화시킨 부분이며, 마지막 단락은 체념과 초극의 미학으로 비극성을 수렴한 부분이다.

시적 분위기는 처음부터 고조되다가 마지막 부분에서 새로운 차원으로 마무리되는 모습을 보여준다. 우리는 마지막 단락에 이르러서야 <제망매가>가 종교적인 노래임을 알게 된다. 죽음의 의미와 죽고 난 다음의 세계를 알 수 없다고 술회한 점에서 1, 2 단락은 일반적인 서정요의 단순한 범주를 벗어나지 않는다. 그러나 사후 세계의 존재에 대한 믿음이나 의지를 강하게 표명했다는 점에서 마지막 단락은 훨씬 종교적이다. 과연 승려의 작품인지 일반인의 작품인지 확실치 않다는 견해들이 있긴 하지만, 이 노래가 불교적 담론 그 자체로부터 나온 것임은 분명하다.

첫 단락을 보자. 삶과 죽음 즉 이승과 저승의 갈림길이 바로 이곳에 있음을 알고 두려워 하직인사도 건네지 못한 채 갔느냐는, 원망의 뜻이다. 표면상 이 부분에서 죽음에 대한 두려움을 가진 존재는 죽은 누이로 되어 있으나, 사실 그것은 월명사의 두려움이었다. 대상에 투영되었을 뿐 원래 그 생각의 주인은 시인 혹은 화자이기 때문이다. 그런 점에서 이 부분은 마지막 부분의 종교적 담론을 이끌어내기 위한 전제의 역할을 한 것으로 보아야 한다. 사실 '이승과 저승의 갈림길이 바로 이곳에 있다'는 '생사불이(生死不二/生死不異)'의 깨달음 성도야 굳이 종교적인 가르침을 빌릴 필요 없이 필부필부들의 범속한 차원에서도 얼마든지 가능하다.

般若波羅蜜多心經 羽
唐三藏法師玄奘譯
觀自在菩薩行深般若波羅蜜多時
照見五蘊皆空度一切苦厄舍利子
色不異空空不異色色卽是空空卽
是色受想行識亦復如是舍利子是
諸法空相不生不滅不垢不淨不增
不減是故空中無色无受想行識無
眼耳鼻舌身意无色聲香味觸法无
眼界乃至無意識界无無明亦无無
明盡乃至无老死亦無老死盡無苦
集滅道無智亦无得以無所得故菩
提薩埵依般若波羅蜜多故心無罣
㝵无罣㝵故無有恐怖遠離顚倒夢
想究竟涅槃三世諸佛依般若波羅
蜜多故得阿耨多羅三藐三菩提故
知般若波羅蜜多是大神呪是大明
呪是無上呪是无等等呪能除一切
苦眞實不虛故說般若波羅蜜多呪
卽說呪曰
揭帝揭帝 般羅揭帝 般羅僧揭
帝 菩提僧莎訶
般若波羅蜜多心經
戊戌歲高麗國大藏都監奉
勑彫造

▲반야심경(해인사 고려대장경의 영인본)

불교에 이르면 죽음은 좀 더 사변적(思辨的) 대상으로 바뀐다. 죽음을 하찮게 여김으로써 육체의 기미(羈縻)에서 벗어난 고승들의 행적이 헤아릴 수 없이 많지만, 사실 불교에서도 죽음은 고통으로 받아들여진다. 원래 불교에서 죽음은 '수(壽)·식(識)·난(煖)'의 삼법(三法)으로부터 벗어나는 것이라 했다. 말하자면 죽음에 대한 물질적·객관적 이해라고 할 수 있을 것이다. 그러나 4고(四苦) 혹은 8고(八苦)의 하나로 죽음의 고통을 꼽는다거나, 4마(四魔) 중의 하나로 사마(死魔)를 드는 등 죽음을 기휘(忌諱)한다는 점에서 불교적 인식도 일반인의 그것과 크게 다르지 않음을 보여준다. 그 뿐 아니다. 『별역잡아함경(別譯雜阿含經)』에서는 죽음의 험난함을 산에 비유하여 사출지산(死出之山)이라고 했으며, '생사고해(生死苦海)·생사니(生死泥)·생사륜(生死輪)' 등 죽음을 삶과 함께 고통스런 굴레로 표현하기도 했다. 생사유전(生死流轉)의 굴레로부터 벗어나 열반에 드는 것을 해탈이라 한 점을 보면 전통적으로 불교에서도 죽음을 고통으로 이해해 왔음은 분명하다. 그러니 불승이었던 월명사에게도 죽음이 고통이었음은 속인들과 마찬가지였으리라. 한 마디 유언도 남기지 못한 채 갑작스럽게 가버린 누이동생의 죽음. 월명은 그 이유를 '두려워하기 때문'이라고 했다. 두려움에 사로잡혀 말 한 마디 못 남기고 바로 곁에 있는 죽음의 길로 접어들었느냐는 책망 섞인 한탄을 그는 죽은 누이의 죽음 앞에서 뱉어낸 것이다. 사실 죽은 누이에 대한 애틋함의 역설적 표현이었겠지만, 그 근원이야말로 월명 자신의 실존적인 나약함에 대한 반성적 자탄으로 보아야 할 것이다.

세속의 인연이나 정에서 초탈하지 못한 월명의 모습은 둘째 단락에서 더욱 절절하게 나타난다. 부모와 형제를 나무와 이파리에 비유하는 것은 동양의 전통적이고 상투적인 표현법이다. 무엇보다 '한 가지에 나고서 가는 곳을 모르겠구나'에 둘째 단락의 핵심은 들어있다. 불교적 담론이라면 이 부분에서 당연히 피안(彼岸)의 시공(時空)이 제시되었어야 한다. 따라서 이 경우의 '가는 곳 알 수 없음'은 『반야심경(般若心經)』에 나오는 '색즉시공(色卽是空)'의 경지와도 다르다. 만물은 인연에 따라 생긴 것, 그러니 본래 실유(實有)가 아닌 것이 바로 『반야심경』의 '공(空)'이다. 따라서 '한 가지에 나고서 가는 곳을 모르겠구나'는 실체가 보이지 않는데서 나오는 허무감의 표현일 뿐, 불교적 공의 세계관을 드러내고자 한 것은 아니다. 속인들 누구라도 가질 만한 허무감의 토로일 뿐이다.

첫 단락에 이어 둘째 단락에서 화자는 상실감이나 허무감이 쉽게 극복될 수 없음을 절규한 셈이다. 그 허무감과 상실감을 구제해 주는 메카니즘이 바로 셋째 단락에서 아미타여래의 극락세계를 형상화한 민중불교적 담론이다. 미타찰은 아미타여래가 설법을 하고 있는 극락세계로서 속세에서 서쪽으로 십만억불토(十萬億佛土)를 지나 존재하는 공간이다. 아미타여래의 본원은 48대원(大願)이다. 그 가운데 '어떤 중생이라도 지극한 정성으로 아미타 국토를 믿고 좋아하여 그곳에 나려고 하는 자가 열 번만 아미타여래를 부르면 반드시 가서 나게 될 것'이라는 조항은 <제망매가> 마지막 단락의 모티프와 연관된다. <제망매가>의 정서는 조선 초기 <미타찬(彌陀讚)>[1]에서 그 논리적 근거를 확인할 수 있다. 조선 초기의 승려 기화(己和)는 미타불을 찬양, 서방정토에 들고자 <미타찬>을 지어 불렀다. 전체 10장이 모두 아미타여래에 대한 찬양을 내용으로 하고 있지만, 특히 제6장의 요지[중생이 아미타불의 명호를 열 번만 염해도 극락에 왕생함]는 <제망매가>의 마지막 단락에 내재된 생각을 적절히 설명해 준다.

7세기에 활약한 고승 원효(元曉)가 이 땅에 정착시킨 정토종은 아미타여래를 신봉하는 종파였다. 형이상학적 취향의 귀족불교를 반대

---

1) 이혜구, 『신역 악학궤범』(국립국악원, 2000), 346~347쪽의 "무견정상상(無見頂上相) 나무아미타불(南無阿彌陀佛) 정상육계상(頂上肉髻相) 나무아미타불(南無阿彌陀佛)/발감유리상(髮紺琉璃相) 나무아미타불(南無阿彌陀佛) 미간백호상(眉間白毫相) 나무아미타불(南無阿彌陀佛)/미세수양상(眉細垂楊相) 나무아미타불(南無阿彌陀佛) 안목청정상(眼目淸淨相) 나무아미타불(南無阿彌陀佛)/이문제성상(耳聞諸聲相) 나무아미타불(南無阿彌陀佛) 비고원직상(鼻高圓直相) 나무아미타불(南無阿彌陀佛)/설대법라상(舌大法螺相) 나무아미타불(南無阿彌陀佛) 신색진금상(身色眞金相) 나무아미타불(南無阿彌陀佛)" 참조.

하고 누구든 아미타불의 이름을 부르기만 하면 서방정토에 태어나게 된다고 믿었다. 정토종의 세 경전들 가운데 하나인 『아미타경』에 따르면 정토는 선행에 대한 응보로 태어나는 곳이 아니라 누구든 임종할 때 아미타불의 이름을 정성되게 부르면 태어날 수 있는 곳이라 한다. 그만큼 정토종은 서민들이 쉽게 친할 수 있고, 의지처가 되던 종파였다. 아미타불이 불교에서 '관세음보살'과 함께 호칭되는 것도 바로 그런 이유일 것이다. 사실 『삼국유사』에서 아미타불을 찬양하고 그에 대한 귀의(歸依)를 기원한 것이 <제망매가>만은 아니다. 염불수행을 통해 정토왕생의 소원을 이룩한 <원왕생가(願往生歌)>의 광덕(廣德)과 엄장(嚴莊), 아미타불의 몸으로 현신한 노힐부득(努肹夫得)과 달달박박(怛怛朴朴) 설화, 염불정진을 통해 서방정토로 날아간 욱면(郁面) 설화 등, 아미타불의 극락정토를 표상한 노래나 설화들은 꽤 많다.

<제망매가>의 첫째, 둘째 단락은 죽음에 관한 속인들의 세계관이다. 여기서 월명은 자신의 생각인 것처럼 노래했지만, 사실은 당시 민중들의 생각을 대변한 데 불과하다. 그러다가 마지막 부분에서 자신의 믿음을 드러냈다. 즉 아미타불의 극락세계에 대한 믿음을 들어 죽음이 빚어내는 허무감을 극복하고자 한 것이다. 사실 자연인으로서의 월명 역시 죽음이 주는 허무감으로부터 쉽게 벗어날 수 없음을 이 노래는 담고 있다. 그러나 그것으로 그친다면, <도솔가>를 통해 국가의 어려움을 해소하는데 기여했고 능준대사(能俊大師)의 문인으로서 국선을 겸했던 월명의 존재를 『삼국유사』에 기록할 이유가 없었을 것이다. <제망매가>를 부르며 49재를 지내던 제의의 현장에서 세찬 회오리바람이 불어 지전을 서쪽으로 날려버린 이적이

야말로 이 노래가 지닌 진정성을 입증한다. 신라 사람들 대부분이 향가를 숭상했다는 것, 향가는 제사음악이었던 『시경』의 송(頌)과 같은 부류였다는 것, 그래서 향가가 왕왕 천지귀신을 감동시켰다는 것 등을 같은 곳에 부기(附記)해 놓은 것도 바로 그 때문이었다. 일연은 그런 월명을 다음과 같은 시로 찬양했다.

> 바람은 돈을 날려 누이의 저승길 노자를 보태주고
> 피리소리는 밝은 달 흔들어 항아의 걸음 머물게 했네
> 도솔천을 멀다고 말하지 말라
> 만덕의 꽃으로 맞이하며 한 곡조 노래하네

일연의 찬시 속에는 월명이 행한 이적과 공덕들이 포함되어 있다. 첫 행은 <제망매가> 관련 배경산문에 언급된 이적이고, 둘째 행은 '월명'의 이름이 유래된 이적이었다. 즉 둘째 행의 내용은 사천왕사에 살던 월명사가 어느 날 밤 피리를 불며 큰 길을 가자 달이 그곳에 멈추었다는 사실을 지칭한다. 셋째·넷째 행은 왕명으로 <도솔가>를 지어 산화공덕(散花功德)을 주재한 사실을 드러낸 부분이다.

일연의 찬시는 월명이 평범한 승려가 아니었음을 보여준다. 그렇다면 그가 <제망매가>에서 드러낸 사생관은 어떻게 된 것인가. 월명은 노래에서 범인들의 사생관을 제시한 다음 죽음의 비극성을 초탈하는 유일한 길이 불법에 있음을 보여주고자 했다. 누이로 대표되는 형제의 죽음, 육친의 죽음은 현실에서 누구나 겪을 수 있는 일이고, 그 슬픔은 다른 무엇보다도 지극하다. 육친의 죽음이 얼마나 지극한 슬픔인지를 보여주고자 한 것은 자연인 월명이었다. 반대로 그

것을 극복하기 위해 어떻게 할 것인지를 말한 것은 승려 월명이었다. 따라서 이 노래에는 월명이 지닌 두 개의 퍼스나(persona)가 등장한다. 지극히 범속한 자연인, 그리고 슬픔을 억누르고 극락왕생을 염원하는 승려 등이 그것들이다. 사실 월명은 육친의 죽음, 그 중에서도 애틋한 누이의 죽음이라는 사례를 들어 당대인들이 갖고 있던 사생관의 특수성과 보편성을 보여주고자 한데 이 노래의 의의가 있다.

지속되는 <제망매가>의 비애미

<제망매가>에 표상된 미학은 비장 아닌 비애다. 죽음이나 이별 같은 거대한 힘 앞에서 한없이 무력해지는 실존의 나약함. 거기서 우리는 '미학으로 승화되는' 비애의 전형을 본다. 문명과 시대가 바뀌고 환경이 아무리 변해도 인간의 삶이 지속되는 한, 그런 미학은 양적으로 확대되고 질적으로 세련될 수밖에 없다. 모든 관계에서 혈연이 가장 우선시되는 인간의 본질이 변하지 않는 한 오늘날에 와서도 그런 점은 변함없이 지속된다는 것이다. 죽음에 관한 미적 묘사를 통해 구현되는 비애미의 실체는 <제망매가>에 나타나는 액면 그대로의 그것이다. 박목월의 <하관(下棺)>, 기형도의 <가을무덤>을 통해 <제망매가>의 비애가 어떤 양상으로 오늘날까지 지속되는지 살펴보자.

하관(下棺)

박목월

棺을 내렸다.
깊은 가슴 안에 밧줄로 달아내리듯
주여
용납하옵소서
머리맡에 성경을 얹어 주고
나는 옷자락에 흙을 받아
좌르르 하직했다.

그 후로
그를 꿈에서 만났다.
턱이 긴 얼굴이 나를 돌아보고
兄님!
불렀다.
오오냐 나는 전신으로 대답했다.
그래도 그는 못 들었으리라
이제
네 음성을
나만 듣는 여기는 눈과 비가 오는 세상.

너는
어디로 갔느냐
그 어질고 안쓰럽고 다정한 눈짓을 하고
형님!
부르는 목소리는 들리는데
내 목소리는 미치지 못하는
다만 여기는

열매가 떨어지면
툭하고 소리가 들리는 세상.[2)]

가을 무덤
-祭亡妹歌-

기형도

누이야
네 파리한 얼굴에
철철 술을 부어주랴

시리도록 허연
이 零下의 가을에
망초꽃 이불 곱게 덮고
웬 잠이 그리도 길더냐.

풀씨마저 피해 날으는
푸석이는 이 자리에
빛 바랜 단발머리로 누워 있느냐.

헝크러진 가슴 몇 조각을 꺼내어
껄끄러운 네 뼈다귀와 악수를 하면
딱딱 부딪는 이빨 새로
어머님이 물려주신 푸른 피가 배어나온다.

물구덩이 요란한 빗줄기 속

2) 박목월, <하관>, 『난 : 기타』, 신구문화사, 1959, 17쪽.

구정물 개울을 뛰어 건널 때
왜라서 그리도 순가락 움켜쥐고
눈물보다 찝찔한 설움을 빨았더냐.

아침은 항상 우리 뒷켠에서 솟아났고
맨발로도 아프지 않던 산길에는
버려진 개암, 도토리, 반쯤 씹힌 칡.
질척이는 뜨물 속의 밥덩이처럼
부딪히며 河口로 떠내려갔음에랴.

우리는
神經을 앓는 中風病者로 태어나
全身에 땀방울을 비늘로 달고
쉰 목소리로 어둠과 싸웠음에랴.

편안히 누운
내 누이야.
네 파리한 얼굴에 술을 부으면
눈물처럼 튀어오르는 술방울이
이 못난 영혼을 휘감고
온몸을 뒤흔드는 것이 어인 까닭이냐.[3)]

<하관>은 남동생의 죽음을, <가을 무덤>은 누이의 죽음을 각각 노래하고 있다. 비극성이 표면화 되고 있는 점은 두 작품에 공통되지만, 전자는 잔잔하고 절제된 화법을, 후자는 다소간 격한 어조의 폭발적 화법을 쓰고 있다는 점에서 차이를 보여준다. 모두 <제망매가>에서 노래한 형제의 죽음을 제재로 하고 있으며, 특히 후자는

3) 기형도, <가을무덤>, 『사랑을 잃고 나는 쓰네』, 솔출판사, 1994, 28쪽.

‘제망매가’라는 부제까지 달고 있는 점으로 미루어 그 모티프는 향가 <제망매가>를 바탕으로 하고 있으되 수사는 그보다 훨씬 부연적이고 화려하다.

<하관>은 전체 3연으로 이루어져 있으며, 이 점은 세 개의 단락으로 구분되는 <제망매가>와 부합한다. 1연은 아우의 주검을 땅에 묻는 장면이다. 줄에 매단 관을 구덩이로 내리는 장면을 ‘깊은 가슴에 밧줄로 달아 내리듯’ 한다고 했다. ‘부모 앞에 죽은 자식은 가슴에 묻는다’는 옛말이 있듯이, 아마도 이 경우는 그런 우리의 전통적인 의식구조로부터 나온 표현일 것이다. 그러나 ‘주여/용납하옵소서’나 ‘성경’ 등을 통해서 보여주는 기독교 신앙의 배경은 불교를 바탕으로 한 <제망매가>와 종교를 바탕으로 하는 서정시라는 점에서 일치한다.

하관 장면을 묘사한 1연에 이어 2연은 산자와 죽은 자의 절리(切離)를 좀 더 구체화시켜 보여주는 부분이다. 2연의 핵심은 ‘아우의 부름[兄님!]과 나의 대답이 오간 꿈’의 장면이다. 화자는 꿈속에서 혼신의 힘을 다해 대답했으나 아우는 듣지 못했을 거라고 했다. 마지막 행 ‘이제/네 음성을/나만 듣는 여기는 눈과 비가 오는 세상’에서 산자와 죽은 자 사이의 절리는 완성된다. ‘이제’와 ‘여기’는 화자가 살고 있는 이승의 시공이다. 죽은 아우와 불완전하나마 의사를 주고받을 수 있는 시공은 꿈뿐이다. 꿈은 죽음과 상통하는 공간이다. 그러니 죽어서나 죽은 아우와 만날 수 있을 뿐이라는 이면적 의미가 그 부분엔 들어있다.

그러다가 3연에 이르러 대뜸 ‘너는/어디로 갔느냐’고 묻는다. <제망매가>에서 월명이 ‘한 가지에 나고서 가는 곳을 모르겠구나’라고 절규한 내용과 부합한다. 동생의 죽음만을 알 수 있을 뿐 죽고 나서 그가 어디로 갔는지 알 수 없어서 막막하다는 것이다. '형님!/부르는 목소리는 들리는데/내 목소리는 미치지 못한'다고 했다. 그래서 '여기는/열매가 떨어지면/툭하고 소리가 들리는 세상'임을 확인할 뿐이다. 이 부분은 2연 내용의 반복이다. '여기'는 물론 이승이다. 내 목소리가 저 편에 미치지 못하는 곳은 저승이고, 열매가 떨어지는 소리를 들을 수 있는 세상은 이승이다. 그러나 화자는 저승에 가서 '형님!'하고 부르는 아우의 목소리를 듣는다. 그러나 이승의 목소리는 그곳에 미칠 수 없다. 그렇게 화자에게 저승은 너무 멀기도 하고 가깝기도 하다. '이승과 저승의 길이/바로 여기 있'다고 본 <제망매가>의 관점과 부합한다.

'제망매가'의 부제를 달고 있는 <가을 무덤>은 <하관>에 비해 월명의 <제망매가>와 더 가깝다. 전체 8연으로 되어 있지만, 내용단락은 셋으로 나뉜다. 1연~4연의 첫 단락은 누이가 죽은 사실의 확인이다. 파리한 얼굴, 망초 꽃 이불·긴 잠, 빛바랜 단발머리로 누워있음, 껄끄러운 뼈마디·푸른 피 등이 각 연의 핵심이고, 그것들은 누이의 죽음을 표현하는 구체적 이미지들이다. 이 가운데 핵심은 4연이다. 4연에서 '껄끄러운 뼈다귀+푸른 피'가 형성하는 공감각적 이미지는 '젊음의 죽음'을 표상한다. 젊은, 아니 어린 누이의 죽음인 것이다.

5연~7연은 둘째 단락이다. '눈물보다 찝찔한 설움', '질척이는 뜨물 속의 밥덩이', '쉰 목소리로 어둠과 싸웠음' 등은 한결같이 삶의 신산(辛酸)함을 부각시킨다. 화자는 어린 나이에 죽은 누이, 그 죽음의 원인을 규명하려 했을까. 이 부분에서 제시되는 내용들은 모두 삶이 감당하기에 버거운 고통들이다.

마지막 단락인 8연에서 결국 시인은 죽음의 절대적 비극성을 노출시키고 말았다. <제망매가>의 월명은 마지막 부분에서 죽음의 비극성을 '극락세계에서의 재회'로 가려버린 바 있지만, 기형도는 그 비극성을 굳이 숨기거나 완화시키려 하지 않았다. '내 누이야/네 파리한 얼굴에 술을 부으면'은 첫 단락 첫 부분의 반복이다. 첫 단락에서는 '부어주랴'로 끝냈으나, 마지막 단락에서는 '~술을 부으면/눈물처럼 튀어 오르는 술방울이/이 못난 영혼을 휘감고/온몸을 뒤흔든'다고 했다. 그렇게 절대적인 슬픔으로 시상은 완결된다.

승려였던 <제망매가>의 월명에겐 불교적 담론으로 끝맺어야 한다는 의무가 있었다. 그러나 기형도에겐 그런 의무란 처음부터 없었다. 다만 보다 절절한 내면의 표출을 통해 누이의 혼을 위로해야 한다는 '예술가로서의 의무'만 지워져 있었던 셈이다. 그런 점에서 기형도가 월명보다 훨씬 자유로웠지만, 그 자유는 또한 무거운 부담을 전제로 할 수밖에 없었다. 망자의 추천(追薦)을 종교나 신앙에 기댈 경우 오히려 살아있는 개인의 영혼이 짊어져야 하는 부담은 줄어들 수 있으리라. 그러나 종교나 신앙의 시적 담론만으로 폭포수처럼 흘러넘치는 슬픔을 어찌 감당할 수 있을까. 그런 점에서 기형도의 <가을 무덤>은 종교의 굴레를 벗어던진 <제망매가>일 수 있다.

끝나지 않는 <제망매가>의 맥

월명이 <제망매가>에서 보여주고자 한 것은 펑펑 쏟아지는 눈물이었다. 적어도 둘째 단락까지는 그렇게 하려고 마음먹었던 것 같다. 그러나 마지막 부분에서 그는 종교적 절제의 미학에 발목이 잡히고 말았다. 쏟아지는 눈물을 삼키고 다시 목탁을 집어든 것이다. 도를 닦으며 죽은 다음 아미타여래의 극락세계에서 누이를 다시 만나보겠노라고 애써 담담하게 말한 것이다. 죽은 다음의 세상을 월명 역시 알 수 없었을 것이다. 그렇다고 중생들을 지도해야 할 승려의 입장에서 그에 대한 회의를 함부로 표출할 수도 없었을 것이다. 그것이 월명의 현실적 한계였다. 다만 지극한 슬픔을 극락에서 재회하자는 다짐으로 포장할 뿐이었다. 분명 <제망매가>는 누이의 죽음이라는 월명 개인의 특수한 사정을 노래한 작품이다. 그러나 그것은 당대인들의 사생관을 보여주는 방향으로 확대될 수 있었다. 아름다운 표현과 뛰어난 형상화 덕분이었다. 우리는 이 노래에서 죽음에 대한 당대인들의 사고를 엿볼 수 있었고, 죽음을 예술로 만드는 미학도 발견할 수 있었다.

이 땅에서 삶이 지속되는 한 <제망매가>의 모티프 또한 당연히 지속될 수밖에 없다. 그 사례를 박목월의 <하관>과 기형도의 <가을 무덤>에서 발견할 수 있었다. <제망매가>에서 발원한 비애미의 진수는 이들 작품에서 발전적으로 승계되었음을 확인한 셈이다. 그리고 죽음의 형상화나 관점이 개별화되긴 했지만, 이 시들에 나타난 죽음이 독자들의 마음을 절절하게 울려준다는 점만큼은 부정할 수 없다. 이처럼 이것들은 또 다른 <제망매가>의 출현을 자극함으로써 앞으로도 그 맥을 면면히 이어갈 것이다.

제4장

안민(安民)의 불국토 건설, 그 이상과 현실

-〈안민가〉의 내용미학-

정치, 백성, 그리고 질서와 무질서

국민을 편안하게 만드는 것이 정치의 제1원칙이고, 국민이 편안하려면 국가의 질서가 잡혀야 한다. 무질서 속에 팽개쳐진 국민들이 부유할 수도, 편안할 수도 없기 때문이다. 공자는 '바르게 하는 것이 정치'라 했다. 바르게 하는 것 즉 나라를 바로잡는 것은 왕의 책임이다. 왕이 솔선하여 바르다면 아무도 감히 바르게 하지 않을 수 없다는 것이 노나라의 대부 계강자(季康子)에게 건네준 공자의 가르침이었다.[1)]

서양에서 정치(politics)란 용어는 원래 도시국가의 뜻을 지닌 폴리스(polis)의 파생어 폴리티쿠스(politikus)에서 나왔다. 폴리스의 전

---

1) 『논어』「안연(顔淵) 제 12」의 "季康子問政於孔子 孔子對曰 政者正也 子帥以正 孰敢不正" 참조.

역에 걸쳐 살아가던 시민들은 민회, 평의회, 행정관 등 다양한 방식으로 도시국가의 정치에 관여했다. 그런 시공에서 이루어지던 모든 정치행위는 공동체의 삶을 바르고 의미 있게 만드는 데 중점이 놓여 있었다.

『관정경(灌頂經)』에서는 바르게 나라를 다스리는 것을 정치라 했으니, 정치에 대한 불교의 관점도 유교나 서양과 다를 바 없다. 이보다 좀 더 나아간 것이 『출요경(出曜經)』 '척요품'의 관점이다. 즉 "견고한 것을 견고하다고 알고 견고하지 않은 것을 견고하지 않다고 알면 그는 곧 견고함을 구하는 것이니, '바른 다스림'으로 근본을 삼는다"고 했다. 말하자면 정치란 바른 생각에 입각한 '바른 사유(思惟)'라는 것이다. 만약 '견고하지 않은 것을 견고하다 생각하고 견고한 것을 견고하지 않다고 생각할 경우 견고한 곳에 이르지 못하는 것은 삿된 소견 때문'이라 했다.

그러니 사람으로 하여금 삿된 소견을 갖지 않도록 하는 것이 정치라고 해석해도 무방할 것이다. 좋은 정치가 이루어지면 당연히 위로는 임금으로부터 아래로는 서민에 이르기까지 삿된 소견을 갖지 않게 된다. 삿된 소견을 갖지 않아야 임금은 임금의 노릇을 신하는 신하의 노릇을 백성은 백성의 노릇을 잘하게 될 것이기 때문이다. 그런 점에서 예나 지금이나 좋은 정치가 이루어지는 나라는 모든 질서가 바르고, 그렇지 못한 나라는 혼란스럽기 마련이다.

우리 역사상 어느 시기에나 있었던 정치적 안정과 혼란의 원인은 정파들 간의 이해관계가 첨예하게 상충되거나 정치 행위 당사자들 스스로가 자신들의 직분을 망각한데서 찾을 수 있다. 그 결과 외세의 침탈을 불러오거나 모순의 극대화로 인해 내부 구조가 붕괴되는 것이 일반적이었다. 그런 상황에 처할 경우 대부분의 지배자는 통치 기반의 강화를 위해 애쓰고자 하나, 대개는 걷잡을 수 없이 무너지기 마련이었다.

정치세력 간의 갈등이나 부침이 극적인 양상을 보여주는 사례들 가운데 하나로 꼽을 수 있는 시대가 신라 경덕왕의 치세(742~765)였다. 필자가 주목하고자 하는 것은 다른 시기와 달리 이 시기에 향가가 많이 등장했고, 그 가운데 '정치적 담론'으로 해석할만한 <안민가(安民歌)>가 제진(製進)되었다는 사실이다.

경덕왕대의 향가로 기록된 <도솔가(兜率歌)>, <도천수관음가(禱千手觀音歌)>, <찬기파랑가(讚耆婆郞歌)>, <안민가> 등은 하나같이 시대 배경이나 내용의 면에서 의미심장한 노래들이다. 왕을 중심으로 한 정파의 다툼과 그 해결을 상징적·제의적으로 드러낸 <도솔가>, 신라시대 관음신앙의 실체를 엿볼 수 있는 <도천수관음가>, 영웅적 인간상에 대한 찬양으로서 개인 서정의 실체를 보여주는 <찬기파랑가>, 정치의 요체와 국가적 지향점을 노래한 <안민가> 등이 그것들인데, 관점에 따라 노래들의 정신이나 주제는 달리 파악될 수 있겠지만, 당대의 사회상을 추측할 만한 단서들은 공통적으로 들어 있다. 이 글에서는 <안민가>가 드러내고 있는 이상과 현실의 경계 혹은 착종(錯綜)을 살펴보고자 한다.

<안민가>에서 노래된 치도(治道)의 요체

『삼국유사』 권2 「기이」 제2(하)의 '경덕왕·충담사·표훈대덕' 조에 다

▲경덕왕릉(경주시 내남면 부지리/사적 23호)

음과 같은 설화와 노래가 실려 있다.

왕이 나라를 다스린 지 24년에 오악과 삼산의 신 등이 가끔 현신하여 대궐 뜰에 모셨다. 3월 3일에 왕이 귀정문 누상에 앉아 좌우에게 물었다. "누가 능히 도중에서 영복승 한 사람을 얻어 오겠는가?" 마침 위의가 선명하고 조촐한 한 대덕이 바람을 쏘이며 거닐고 있었다. 좌우가 바라보고 데려왔다. 왕은 말했다. "내가 말한 영승이 아니다." 왕은 그를 물리쳤다. 또 한 중이 가사를 입고, 앵통을 지고, 남으로부터 왔다. 왕이 기뻐하며 누상으로 맞이하여 그 통 속을 보니, 다구(茶具)가 담겨 있을 뿐이었다. 왕은 물었다. "그대는 누구요?" 중은 대답했다. "충담이라 하옵니다." "그럼, 어디로부터 돌아오시는가?" 충담은 여쭈었다. "승려들은 늘 중삼·중구일을 중시하여 차를 달여 남산 삼화령의 미륵세존께 드리는데, 오늘도 드리고 돌아오는 길이옵니다." 왕은 말했다. "과인에게도 한 잔의 차를 마실 인연이 있을 수 있겠소?" 충담이 곧 차를 달여 드렸는데, 그 차의 기미(氣味)가 이상하고 다구 속에 이상한 향기가 강했다. 왕은 또 물었다. "짐이 일찍이 들으니 '선사가 지은 <찬기파랑가>가 그 뜻이 심히 높다'고 하니, 과연 그러하오?" 충담은 답했다. "그러하옵니다." 왕은 말했다. "그럼 짐을 위해 <안민가>를 지어 주시오." 충담은 곧 왕명을 받들어 노래를 지어 바쳤다. 왕이 아름답게 여겨 왕사로 봉했으나, 충담은 굳이 사양하고 받지 않았다. 그 <안민가>는 다음과 같다.

임금은 아비요
신하는 따스한 어미요
백성은 어리석은 아이라고 하신다면
백성이 사랑을 알 겁니다
꾸물꾸물 살아가는 중생들
이들을 먹여 살리소서
이 땅을 버리고 어디로 가겠는가 하실진대
나라 보전할 길 아시리다
아으 임금답게 신하답게 백성답게 하시면
나라가 태평하리이다

君隱父也
臣隱愛賜尸母史也
民焉狂尸恨阿孩古
爲賜尸知民是愛尸知古如
窟理叱大肹生以支所音物生
此肹喰惡 支治量羅
此地肹捨遣只於冬是去於丁

爲尸知國惡支持以支知右如
後句 君如臣多支民隱如
爲內尸等焉國惡太平恨音叱如

이 노래는 3단으로 구성되어 있다. '임금은~알 겁니다', '꾸물꾸물~아시리다', '아으~태평하리이다' 등이 그것들이다. 1단은 대전제, 2단은 방법론, 3단은 1단을 좀 더 구체화시켜 도출해낸 주제단락이다. '백성을 사랑함', '백성을 먹여살림/나라 보전함', '나라가 태평함' 등은 각 단 내용의 핵심이다.

임금과 신하, 혹은 부자(父子)의 직분을 엄수하는 것이 이상 정치의 요체임은 『논어』에서도 설명된 바 있다. 제나라 경공(景公)이 공자에게 정치를 묻자 공자는 "임금은 임금답고, 신하는 신하답고, 아비는 아비답고, 아들은 아들다우면 된다"고 답했다. 그러자 경공은 "맞습니다. 만약 임금이 임금답지 못하고 신하가 신하답지 못하며 아비가 아비답지 못하고 아들이 아들답지 못하면 비록 식량이 넉넉하다 한들 내 어찌 밥을 얻어먹고 살 수 있으리오?"라고 공자의 현답(賢答)에 맞장구를 쳤다.[2]

이런 『논어』의 말 가운데 부자(父子)를 백성으로 대치한 것이 <안민가>의 담론이니, 선학들이 <안민가>의 배경사상을 유가(儒家)로 본 것도 응당 그럴 법한 일이라고 생각한다. 그러나 '임금이 임금노릇을, 신하가 신하노릇을, 백성이 백성노릇을 제대로 한다면 나라가 태평할 것'이라는 말이 어찌 유가만의 논리일 것이며, 사상(思

---

2) 『논어』「안연 제 12」의 "齊景公問政於孔子 孔子對曰 君君 臣臣 父父 子子 公曰 善哉 信如君不君 臣不臣 父不父 雖有粟 吾得而食諸" 참조.

想)의 차원으로까지 격을 높여 따질 내용이겠는가. '누구나 제 할 일만 제대로 하면 세상일은 저절로 잘 돌아갈 것'이라는 평범한 시정(市井)의 담론에 불과한 것을 세상의 학인들은 지나치게 고답적으로 따져왔을 뿐이다.

문제는 정치의 어려움을 타개하고자 현책(賢策)을 노래에 담아달라는 왕의 요청에 이와 같이 평범한 시정의 논리로 대꾸한 충담의 의도에 있을 것이다. 신라 중대에 속하는 경덕왕 대는 체제의 모순이 서서히 현실화 하던 시기였다. 지배세력 내부의 대립과 모순이 표면화 하면서 왕권이 약화되고 정치는 혼란스러워지기 시작한 것이다.

귀족세력이 부상하면서 위기를 느낀 경덕왕은 왕권의 강화를 위한 개혁조치들을 시행하지만, 그러한 개혁정책들이 쉽게 정착되지는 못했다. 왕 혼자의 힘으로 구조적인 모순을 혁파하고 귀족세력이 이미 권력의 축으로 대두된 현실을 바꾸기엔 역부족이었을 것이다. 특히 왕 자신이 후사(後嗣)와 관련된 무리수를 범함으로써 추락된 왕권은 치명상을 입었다고 할 수 있다. 즉 '자식으로 후사를 삼으려는 욕망'을 왕권강화책과 동일시한 것이 경덕왕이 범한 무리수였는데, 그 당연한 결과로서 후사인 혜공왕이 피살되고, 차후 신라의 정치는 혼란기에 접어들게 되었던 것이다.

이 시기에 경덕왕은 충담을 만났다. 그렇다고 왕이 충담의 존재를 모르고 있었던 것은 아니다. 이미 당대에 유행하던 <찬기파랑가>를 통해 그 작자인 충담을 왕도 소상히 알고 있었다.

충담과의 대화에서 왕은 "짐이 일찍이 들으니 '선사가 지은 <찬기파랑사뇌가>가 그 뜻이 심히 높다'고 하니 과연 그러한가요?"라고 물었다. 그에 대해 충담사는 "그러하옵니다"라고 확신에 찬 대답을 건넸다. 그렇다면 일말의 망설임이나 겸양의 의도도 없었던 충담사의 대답을 어떻게 이해해야 할까. 왕이 작자인 충담에게 확인하고자 한 것은 '심히 높다'는 노래의 뜻인데, 그 경우 뜻이란 작자의 의도나 그로부터 구현된 주제의식일 것이다.

그것은 '기파랑'이란 실존인물의 덕망이 왕을 비롯한 당대 권력층의 일반적인 성향과 현격하게 다르다는 점을 암시하는 일이기도 하다. 말하자면 충담은 기파랑과 함께 권력에 발을 담그지 않으면서 백성들로부터 추앙을 받던, 일종의 '재야 덕망가들'이었을 가능성이 크다. 실제 권력을 잡지는 않았으나, 대중으로부터 권력 못지않은 사랑과 신뢰를 받던 사람들이었을 것이다. 왕이 충담에게 '이안민(理安民)'의 현책을 <찬기파랑가>와 같은 노래의 형태로 요청한 것도 바로 그 때문이었다.

감동한 왕이 노래를 받은 다음 충담에게 왕사(王師)의 자리를 주었으나 그가 '굳이 사양하고' 받지 않은 점도 충담의 정신이나 현실적인 위치를 암시하는 사실이다. 그렇다면 그는 왜 왕사의 자리를 사양했던 것일까. 애당초 자신이 정치에 뜻이 없었을 뿐 아니라 당시의 정치 현실이 힘없는 재야 명망가가 나선다고 쉽게 해결될 것이라고 보지 않은 점에 그 이유가 있을 것이다. 사실 아무리 좋은 아이디어가 있다고 해도 그런 생각의 실천을 뒷받침할만한 힘을 필요로 하는 곳이 현실정치다. 실현시키지 못할 아이디어라면 꿈에 그칠 뿐이고, 그런 아이디어를 지닌 인물은 단순한 '이상가(理想家)' 이상은 될 수 없음을 충담은 이미 깨닫고 있었던 것이다. 그래서 그는 재야 명망가의 자리를 고수하고 임금에게 실천자적 역할의 짐을 떠넘겼을 가능성이 크다.

노래의 핵심은 '임금은 임금답게, 신하는 신하답게'에 있다. 임금이 임금 노릇을 제대로 '못하고', 신하가 신하 노릇을 제대로 '안하는', 당대의 현실이 문제라는 지적이었다. 말하자면 당대에 귀족세력이 부상하면서 왕권이 약화되고 있는 점을 충담은 적절하게 지적했고, 왕은 노래를 통해 자신이 해야 할 일을 깨달은 셈이었다.

경덕왕이 왕권 강화에 나서서 관제정비와 개혁조치들을 시행한 것도 <안민가>의 제진(製進)과 맥을 같이 하는 일이었다고 할 수 있다. 천문박사와 누각박사(漏刻博士) 등을 두어 기후의 변화를 살피고 백성들의 삶을 배려하려 한 것은 위민정치의 한 부분이라 할 수 있는데, 이 점도 경덕왕의 개혁정치와 같은 맥락에서 볼 수 있다.

사실 충담이 눈을 주었던 대상은 백성이었다. 그의 눈에 밟힌 것은 고통 받는 백성들이었다. 백성들이 잘 살면 나라는 태평해지는 것이고, 백성들을 '먹여 살리는 일'이야말로 모든 정치의 대본(大本)이라고 본 것이다. 백성들이 잘 먹고 살아야 '이상적인 불국토'가 이루어질 수 있다고 본 것이 충담의 철학이었다. 백성들이 제대로 먹고 살기 위해서라도 지배계층은 권력 싸움들을 그만 하고 제 할 일들을 잘 해야 한다는 것이 충담의 정치철학이기도 했다.

이처럼 노래에 담긴 뜻은 '백성들을 먹여 살리는 일', '모두 제 할 일들을 다 하는 일' 등인데, 임금으로선 그 속뜻을 좀 더 다르게 해석했을 가능성이 크다. 즉 '임금은 임금답게', '신하는 신하답게' 라는 두 조항에서 전자를 '임금다운 권력의 회복'으로, 후자를 '권신(權臣)들을 다잡아 신하다운 종속의 위치로 내리는 일'로 각각 해석했을 것이다.

민심을 읽고 있던 충담으로서는 임금에게 그렇게 하는 것이 현실적으로 민심을 얻는 지름길이며 궁극적으로 나라를 태평하게 하는 일임을 '넌지시' 알려주려 했을 것이고, <안민가>는 그러한 정치적 메시지라고 할 수 있다. 말하자면 경덕왕이 귀정문 누상에서 기다린 '영복승'이란 '민심의 향배를 읽을 줄 아는, 정치적 식견을 지닌 승려'였을 것이고, 그에게 요청한 '이안민의 노래'는 난국에 처한 임금이 당장 취해야 할 정치적 조치를 담은 담론이었던 것이다.

<안민가>의 정신, 그 지속과 변이

지배층과 피지배층이 상하로 묶여 국가가 지속되는 한, <안민가>의 정신은 정치의 대전제로 살아남기 마련이다. 다만 노래의 주체가 누구냐에 따라 주제의식이 달라질 수 있을 뿐이다. 정치의식을 담은 노래는 조선조의 악장이나 관각문학(館閣文學)에서 흔히 볼 수 있다. 변계량(卞季良, 1369~1430)의 다음과 같은 노래는 변질된 <안민가>의 정신을 잘 보여준다.

> 서로 찾고 서로 응할 제
> 밝은 시절 용호(龍虎)가 만나 스스로 기약함이 있도다
> 신하의 절개 솔과 대라 추워도 변하지 않고
> 성은(聖恩)은 천지와 같아 가이 없도다
> 크시도다, 건원(乾元) 4덕의 온전하심이여!
> 황상(黃裳)의 곤도(坤道)는 하늘을 믿고 받드나이다
> 신하를 예로써 부리시면 임금을 충성으로 섬기옵나니

밝은 임금 어진 신하 서로 만나 태평시절 이루셨도다

부모와 신명(神明)처럼

사랑하고 공경함을 혹시라도 바꾸지 말아야 하니

임금과 신하는 오직 한 몸일 뿐이로소이다.[3)]

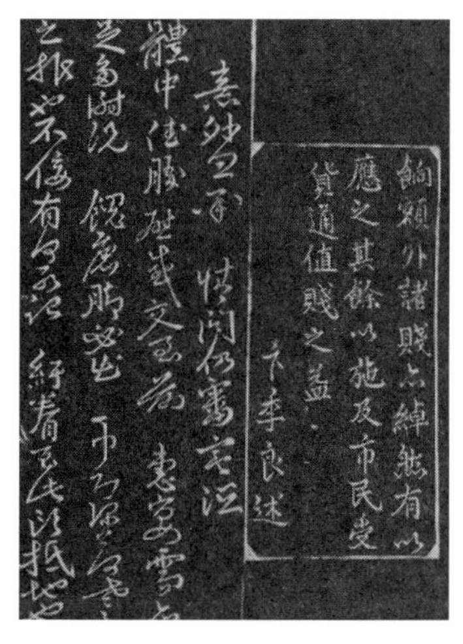

▲변계량의 필적(『명가필보』)

相求相應際
明時龍虎風雲自有期
臣節松筠寒不改
聖恩天地大無涯
大矣乾元四德全
黃裳坤道順承天
使臣以禮事君以忠
明良相遇值時雍
父母與神明
愛之敬之毋或替
元首股肱惟一體

이 노래는 변계량이 세종에게 지어올린 <자전지곡(紫殿之曲)> 가운데 <군신지의(君臣之義)>다. 임금과 신하 간의 의리에 대한 담론인데, 내용의 핵심은 '신하를 예로써 부리시면 임금을 충성으로 섬기옵나니'에 있다. 전제 왕조시절 임금에 대한 신하의 충성은 절대불변의 명제였다. 그런데 이 노래에서는 임금이 신하를 예로써 부려야 신하는 임금을 충성으로 섬긴다고 했다. 말하자면 이 노래에서는

3) 세종 007 02/03/27. 본서의 조선왕조실록 기사는 사이트 http://sillok.history.go.kr 참조.

임금과 신하를 계약관계의 두 당사자로 규정한 셈이다. 그런 계약관계가 성립되어야 '임금과 신하는 한 몸'이 될 수 있다고 했다.

호족세력의 힘을 바탕으로 나라를 세움으로써 왕권과 신권인 호족세력의 상호 협조체제를 확립했던 고려 태조 왕건이나 혁명을 주도하여 건국의 주체세력으로 등장한 공신세력과 왕권의 제휴관계를 맺게 된 조선왕조의 초기는 비슷한 양상을 보여준다고 할 수 있다. 분명 <안민가>에서 언술된 군신관계와는 다른 모습이 이 노래에는 그려져 있다.

왕에 대한 절대적인 충성을 먼저 요구하는 것이 전제 군주체제의 기본성격인데, 왕과 신하들 간의 상호 거래를 문면에 명시한 것은 <안민가> 정신의 크나큰 변질이라 할 만하다. 만약 이 노래의 주지를 산문으로 풀어 표현할 경우 '군신 간의 힘겨루기'라는 서사적 주제의식이 생성될 가능성이 크다고 할 만큼, 이 노래의 정치적 함의(含意)는 엄청나다. 이 노래의 주체가 변계량으로 대표되는 공신(功臣) 그룹이었다는 점은 이 노래를 <안민가>의 정신으로부터 이토록 현격하게 변질시킨 요인이라고 할 수 있다. 왕과 공신은 새로운 체제를 탄생·지속시키는 두 축이므로, <안민가>에 언급된 '군-신'과는 달리 이해(利害) 당사자일 뿐이었던 것이다.

<안민가>와 <군신지의>에 언급된 '군-신'의 논리가 그 성격을 달리하고는 있지만, 근본적인 면에서 담론을 달리한다고 볼 수는 없다. 두 노래 모두 전제왕조라는 동일한 체제를 배경으로 하고 있기 때문이다. 변질된 모습을 보이긴 하나 <안민가>의 모티프가 이 노래에도 지속된다고 보는 것은 바로 그런 이유에서이다.

그렇다면 <안민가>는 현대시인에게 어떤 모습으로 수용되고 있

을까. 이향아의 <신곡조 향가 - 안민가>를 들어보자.

신곡조 향가-안민가

이향아

하루 세끼,
끼니마다 거르지 않고 묵상하고 싶다
밥사발에 옹싯거리는 낱알의 변용
이것은 봄부터 가을
이것은 일년의 심판
일년의 울음과 고통
의심과 기다림에 내리는 응답
내가 감사하는 것은 세월이다
아랑곳없이 깊어지는 무심이다
끼니 때면 가끔 조상들을 생각한다
후덕한 임금님과
양순한 백성들을
끼니마다 나는 목숨을 의심한다
이름도 벼슬도 허울임을 생각한다

그러나 밥을 먹는 평화여, 이 안분이여
결국은 감사한다
감사한다
때때로의 분망과
때때로의 무료와
때때로의 모멸과
때때로의 노여움을
지나간 시절을 거슬러 씹으며 삭힌다

내 사지와 동체 핏줄과 뼈가
일년에 일년씩 앙금으로 보태어져
아, 그 누구에게도 죄가 되는
평안을 회복한다
미안해라, 미안해라
평안 속에 갇힌다[4]

이향아의 <안민가>를 관통하는 모티프도 '먹는 문제'의 해결을 통한 평안의 확보에 있다. 충담의 <안민가>에서도 중심은 백성들을 먹여 살리는, 절박한 문제였다. 다른 어느 곳으로도 도망칠 수 없는 '조롱 속의 새'가 백성이 아닌가. 그래서 충담은 '이 땅을 버리고 어디로 가겠는가'라고 절규했다. 그렇게 갇혀 사는 백성들이 평안함을 느끼며 살도록 하는 것이야말로 '나라를 태평하게 하는 길'이라 했다.

이향아의 <안민가>도 세 개의 연으로 되어 있다는 점에서 충담의 <안민가>와 같다. 첫 연의 핵심은 '밥에 대한 의심과 기다림'이고, 둘째 연의 핵심은 '감사'이며, 셋째 연의 핵심은 '평안'이다. '끼니마다 묵상하고 싶다'는 화자의 마음은 먹는 문제의 절박함을 절절하게 드러낸다.

'양순한 백성들'에겐 '봄부터 가을까지' 기다려서 얻게 되는 한 해의 수확이 '일 년의 심판'일 수밖에 없다. 초조하게 심판의 판정을 기다리듯 한 해 열심히 노력한 백성들은 '배고프지 않길' 바라면서 수확의 결과를 기다린다는 것이다. 그래서 화자는 '후덕한 임금님'과 '양순한 백성'들을 싸잡아 '끼니 때면 가끔 생각하는' 조상들이라 했

4) 이향아, <신곡조 향가-안민가>, 『껍데기 한 칸』, 오상사, 1986, 112쪽.

다. 백성들의 배부름을 기원한 임금이나, 자신들의 배부름을 임금의 덕으로 생각한 백성들 모두 지금 끼니 때 굶지 않는 화자가 기꺼이 떠올리고 싶은 조상들인 것이다.

'배불리 먹는' 행복 앞에서 '이름이나 벼슬'은 허울일 뿐이라고 했다. 그만큼 시인은 먹는 일이야말로 무엇보다 중요한 문제로 인식한 것이다. 둘째 연의 핵심은 감사다. '밥을 먹는 평화', 아니 '밥을 먹음으로써 얻게 되는 평화'와 그에 대한 감사를 노래한 부분이다. 밥을 먹고 평화를 얻어 감사하는 마음에 '분망, 무료, 모멸, 노여움' 등은 모두 삭아 없어지는 감정의 찌꺼기들일 뿐이다.

누구나 충담의 <안민가>에서 '먹는 문제의 절박함'을 인식해낸다. 정치의 잘 되고 못 됨을 따지는데 다른 이론들이 있을 수 없다. 소박하고 양순한 백성들이 배를 곯지 않는 것만큼 '잘 되는 정치'가 어디 있겠는가. 백성들에게 밥 한 술 제대로 먹여주지 못하는, 형편없는 정치집단들이 지금도 세계 도처에 널려 있다. 그러니 그 옛날 경덕왕 시절의 '재야 명망가' 충담으로서야 못 먹는 백성들을 둘러보며 그들을 먹여 살리는 것만이 '이안민(理安民)'의 첫 조건임을 뼈에 사무치도록 느꼈을 것 아닌가. 그래서 왕이 물어왔을 때 임금이나 신하들이 제대로 자기들의 역할을 하라고 일갈했다. 그렇게 되어야 백성들을 먹여 살릴 수 있고, 궁극적으로 나라가 태평할 수 있다고 보았던 것이다. 충담의 그런 본심을 꿰뚫어 보았기에 오늘날의 시인 이향아는 자신만의 <안민가>를 읊어낼 수 있었다.

***

고래로 정치의 요체는 백성을 먹이고 편안케 하는 데 있다. 우리의 옛 노래들 가운데 충담의 <안민가>만큼 그 평범한 진리를 소박하면서도 진솔하게 읊어낸 노래가 없다. 오늘날에도 그의 노래가 빛을 발하는 건 아무리 해가 바뀌어도 사람들의 먹고 사는 일만큼 절박한 과제는 없기 때문이고, 그럼에도 불구하고 정치인들은 그 사실을 잘 모르고 있기 때문이다.

제5장

관음사상과 모정의 행복한 만남

-〈도천수관음가〉의 이면적 의미-

부성(父性)보다 강한 모성(母性), 그 전통

입시를 서너 달이나 앞 둔 무렵의 사찰들. 손 모아 부처님께 절 올리며 자녀의 고득점과 미래의 행복을 비는 어머니들로 북적인다. 한 사람의 아버지도 보이지 않는 그곳은 조건 없는 사랑이 꽃 피어나는 현장이다.

병원 입원실. 선천적인 불구로 태어난 어린 아들 곁에서 밤을 지새우는 모정이 TV 화면 가득 쏟아진다. 아버지는 보이지 않고, 힘에 겨워 보이는 젊은 엄마의 처량하지만 강한 모습만 의연하다. 기약 없는 세월을 좁디좁은 입원실에서 보내야 하는 처지임에도 여윈 얼굴에는 담담한 여유마저 흐른다. 아버지라고 어찌 자식 사랑이 없을까. 다만 그 절절함에서 모성을 따라잡을 수 없는 것이 부성이다. 우리는 고려의 속악 <사모곡(思母曲)>을 통해 그런 전통을 확인할 수 있다.

> 호미도 날이지마는
> 낫같이 잘 들 리도 없습니다
> 아버님도 어버이시지마는
> 위 덩더둥셩
> 어머님같이 사랑해주실 이 없어라
> 아, 님이시여! 어머님같이 사랑해주실 이 없어라

아버지의 사랑이 어머니의 그것보다 못하다는 걸 말하려는 것이 이 노래 화자의 의도는 아니리라. 다만 양자 간의 차이를 말하고 있을 뿐이다. 아버지의 사랑보다 어머니의 사랑이 훨씬 두드러지는 것은 그 간절함 때문이다. 자신의 전 존재를 던져 자식을 감싸 안는 어머니의 사랑을 화자는 노래한다. 어쩌면 이 노래는 지은이의 특이한 체험으로부터 나온 것일지도 모른다. 그러나 읽거나 듣는 누구라도 그 점을 부인할 수 없다. 말하자면 현실 속의 그런 체험이 노래

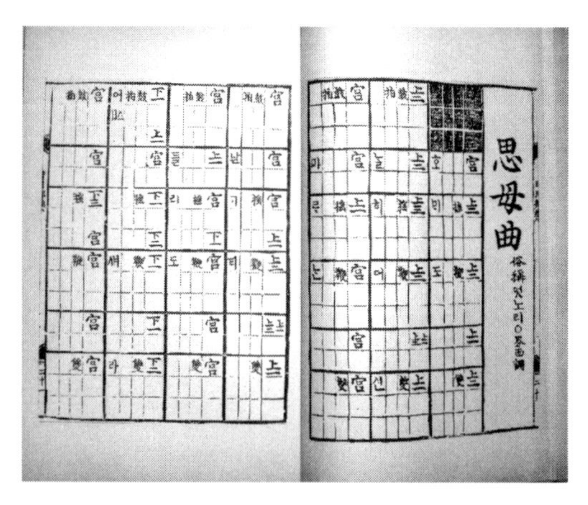

▲〈사모곡〉 악보(『시용향악보』소재)

속에서 보편성을 획득하게 되는 것이다. 그러나 호미와 낫에 비유한 품새가 범상치 않은 것도 그런 효과를 배가시킨다. 그래서 짧지만 절창이고, 당시 인정의 기미(機微)를 잘 드러낸다고들 하는 것이다.

이것과 관련되는 모티프를 지닌 노래가 <목주(木州)>다. 『고려사 악지(高麗史 樂志)』의 삼국 속악에 실려 있으므로 원래 민간에서 만들어져 불리던 노래일 것이다. 배경적 사실은 다음과 같다. 목주에 살고 있던 효녀가 아버지와 후모(後母)를 지성으로 섬겼는데, 아버지는 후모가 그녀를 헐뜯는 말만 듣고 그녀를 쫓아냈다. 쫓겨나 떠돌다가 한 노파에게 구제되었고, 그녀는 노파의 아들과 결혼하여 부자가 되었다. 심히 가난한 친정 부모를 모셔다가 극진히 봉양했으나, 부모는 그래도 기뻐하지 않자 그녀가 이 노래를 지어 불렀다는 것이다.

후모는 그렇다 치고, 아버지의 이해할 수 없는 처사(處事)가 서정화 될 경우 <사모곡> 같은 노래로 나타날 수 있을 것이다. 그래서 사람들은 <목주>가 <사모곡>일지 모른다는 생각을 하게 된 것이나 아닐까.

어쨌든 본능적으로 부모는 자식을 사랑하고, 그 가운데 어머니의 사랑은 무조건적일 만큼 절절하다. <목주>나 <사모곡>이 나왔을 삼국시대에 우리는 절절한 모성애가 흘러넘치는 또 하나의 노래를 만난다. 향가 <도천수관음가>가 바로 그것이다. 『삼국유사』 권3 '분황사(芬皇寺) 천수대비(千手大悲) 맹아득안(盲兒得眼)'에 실려 전해지는 노래다.

지혜와 광명을 희구하는 모정

신라 경덕왕 대 한기리에 사는 여인 희명(希明)의 아들이 생후 다섯 살 되었을 때 갑자기 눈이 멀게 되었다. 하루는 어미가 아들을 안고 분황사 좌전(左殿) 북쪽 벽에 걸려 있는 천수대비의 화상 앞에 가서 아들에게 명하여 노래를 지어 빌었더니 다시 시력이 되돌아왔다는 것이다. 그 노래는 다음과 같다.

무릎을 꿇으며
두 손바닥 모아
천수관음 앞에
빌고 사뢰는 말씀을 두노라
천개의 손과 천개의 눈에서
하나를 놓고 하나를 덜어
두 눈 감은 나라
'하나를 주소서!' 하고 매달리나이다.
아아, 나를 알아주실진대
어디에 쓰실 자비인고

膝肹古召彌
二尸掌音毛乎支內良
千手觀音叱前良中
祈以支白屋尸置內乎多
千隱手叱千隱目肹
一等下叱放一等肹除惡支
二于萬隱吾羅
一等沙隱賜以古只內乎叱等邪

阿邪也 吾良遺知支賜尸等隱
放冬矣用屋尸慈悲也根古

기록에는 '아들에게 명하여 노래를 지어 기도하게 했다'고 했으나, 다섯 살 된 아이가 이 노래를 지었을 리는 없다. 실제로는 희명 자신이 지은 노래를 그로 하여금 따라 부르게 했을 것이다.

서사 부분인 1~4행은 자비로운 천수관음을 향한 기구(祈求)의 언사이고, 5~8행은 본사로서 그 기구의 구체적인 내용이다. 결사인 9~10행은 마무리 부분으로서 눈 먼 아들의 눈을 뜨도록 만든 천수관음의 자비를 찬양하는 내용이다.

천수관음 즉 관세음보살은 '관세음자재보살(觀世音自在菩薩)'이라고도 하여 중생들과 가장 가까운 거리에 있으면서 그들의 소망과 아픔을 보살펴 준다는 믿음을 받고 있는 존재다. 그만큼 중생들과 가장 친근하여 염불에는 반드시 부처와 함께 칭명되기도 한다.

천수관음은 성관음(聖觀音), 십일면관음(十一面觀音), 준제관음(準提觀音), 불공견색관음(不空絹索觀音), 마두관음(馬頭觀音), 여의륜관음(如意輪觀音) 등과 함께 대표적인 7가지 관음이며, 1천개의 팔에 달린 각각의 손바닥에 눈을 가졌다고 여겨져 온다.

여기서 '천'을 단순한 숫자 개념으로만 볼 수는 없다. 우주만방 즉 넓고 커서 한계가 없는 공간을 나타내며, 관음보살의 보살핌이 끝없이 펼쳐나감을 암시한다. 말하자면 도처에서 고통을 받는 중생들을 구제하는 일을 관음보살이 수행한다는 것이다.

가진 것 없고 의지할 데 없는 중생 희명이 이런 관음보살에게 자비를 베풀어줄 것을 기원하는 것은 당연하다. 그렇다고 돈이나 권력

▲관음보살 입상(남해군 이동면 상주리)

을 희구한 것은 아니다. 두 눈을 잃은 자신의 아들에게 눈을 하나만 달라는 소청이었다. 아들의 미래를 위해 자신의 모든 것을 희생할 수 있다고 생각하는 모정이 찾아 헤맨 끝에 만난 존재가 관음보살이었다. 더구나 관음보살은 눈을 천 개나 갖고 있지 않은가.

얼마나 단순하면서도 소박한 노래인가. '당신이 천 개의 눈을 가졌으니, 그 가운데 하나만 덜어서 우리 아이에게 주면, 우리 아이는 광명을 되찾을 수 있을 것'이라는 진술이야말로 무엇보다 진솔하고 담백하다. 그리고 순진무구한 아이로 하여금 그 노래를 부르게 했다. 아이의 순진성과 노래의 소박함이 만나 이루는 진실함은 결국 관음보살을 움직일 수 있었다.

천수다라니계청(千手陀羅尼啓請)에 다음과 같은 내용이 보인다.

① 천수천안(千手千眼) 관자재보살(觀自在菩薩) 광대원만(廣大圓滿) 무애대비심(無碍大悲心) 대다라니(大陀羅尼) 계청(啓請)
② 천비장엄보호지(千臂莊嚴普護持)

③ 천안광명변관조(天眼光明遍觀照)

천 개의 손과 천 개의 눈을 가진 관자재보살님과 같이 중생 보살핌이 넓고 크고 원만하여 막히는 데가 없이 자비심을 크게 하는 대다라니 열기를 청한다는 것이 ①이다. ②는 관세음보살님이 천 개의 팔로 자비로운 원력을 널리 보급·보호·수지하게 하듯, 천 개의 팔로 중생들의 가정과 사회를 장엄하게 해달라는 뜻이며, ③은 관세음보살의 천 개 눈으로 세상을 두루 비추어 보듯이, 어두운 중생들도 마음을 항상 두루 비추어 보게 해달라는 뜻이다.

그렇다면 눈은 무엇일까. 외계의 빛을 내면으로 투과시키는, 마음의 창(窓)이다. 동시에 생명을 상징하기도 한다. 사람이 죽어가는 것을 '눈을 감는다'고 표현하는 것도 그 때문이다. 따라서 눈을 되찾는 것은 광명을 찾음과 동시에 잃어버렸던 사회적 권력이나 사랑을 되찾는 것이기도 하다.

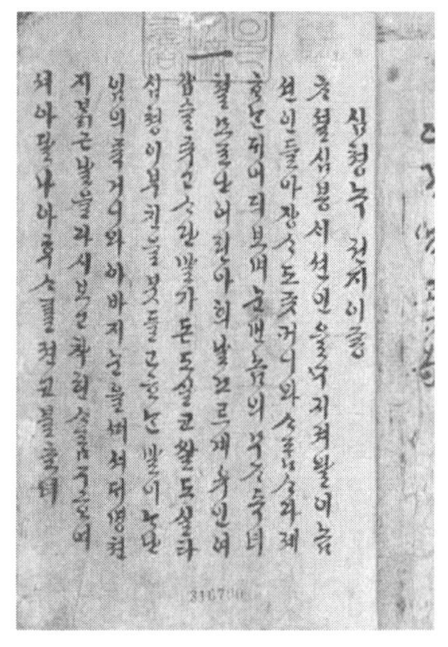

▲「심청전」의 이본인 「심청녹」

고전소설 「심청전」을 보자. 심봉사의 딸 심청이는 지극한 효성으로 아버지의 감은 눈을 뜨게 한다. 자신의 몸을 팔아 공양미 삼백 석을 구했고, 자신의 몸을 희생시킴으로써 아버지에게 새로운 삶을 되찾아 드렸다. 아버지의 눈을 뜨게 해달라고 비는 기도에서 심청이는 눈을 '일월(日月)'이라 했다. 말하자면 광명이라는 것이다. 효성으로 아버지에게 광명을 드린 「심청전」은 지극한 사랑으로 자식의 눈을 뜨게 한 <도천수관음가>의 경우와 대조되지만, 그 정신이나 눈이 갖는 의미는 정확히 일치한다.

시력을 잃은 아들. 그를 바라보는 모정의 안타까움은 무엇에도 비길 수 없다. 자신이 살아있는 동안은 아들이 비록 눈이 없다 해도 그를 먹여 살릴 수는 있을 것이다. 그러나 자신이 늙어 죽고 나면 그 아들은 험한 세상을 살아갈 방도가 없을 터. 그래서 모정은 크게 조바심을 내기 시작한 것이다.

몸이 불완전한 사람이 홀로 살아가긴 어렵다. 그 가운데 눈은 가장 중요하다. '살아갈 길이 보이지 않기' 때문이다. 그 길이 바로 지혜요 광명이다. 어머니인 희명의 이름이 심상치 않은 것도 그 때문이다. '희명(希明)'이란 광명을 희구한다는 뜻이다. 이때의 광명은 진리를 비추어 주는 지혜의 빛이다.

지혜란 깨달음으로 통하는 길이다. 그러니 '희명'은 자연인이기보다 모든 불도들의 소망이 집약되어 만들어진 관념적 존재일 수도 있을 것이다. 그러나 이치상으로는 그렇다 해도, 희명이란 존재를 부조(浮彫)할 때 당대인들의 마음에 보편적으로 존재하던 어머니의 이미지가 결정적으로 그 표본 역할을 했을 것은 당연하다. 그래서 '어머니의 사랑'을 바탕으로 '천수관음의 사랑'을 노래한 것이 바로 이 노래라고 할 수 있다. 어머니의 사랑에 감동한 천수관음은 그 아들에게 시력을 주었고, 그 덕에 그는 세상을 새롭게 볼 수 있었다. 이에 관한 일연의 찬(讚)은 다음과 같다.

竹馬葱笙戲陌塵　　대말과 파피리로, 티끌 거리 노니더니

一朝雙碧失瞳人　　하루아침 파란 두 눈, 동자를 잃었도다
不因大士迴慈眼　　대사의 자비 입어, 눈을 찾지 못했다면
虛度楊花幾社春　　버들 꽃 피는 봄을, 헛되이 보냈으리

(이가원 역)

희명의 아들을 여염의 평범한 '장난꾸러기 아이'로 본 것이 일연의 관점이다. 일연은 죽마를 타고 파피리 불며 제 또래 아이들과 장난치다가 눈을 다친 꼬마와 눈높이를 함께 하고자 한 것이다.

대사 즉 관음보살의 자비가 아니었더라면 '버들 꽃 피는 봄'을 헛되이 보냈을 것이라고, 자신의 아찔한 심정을 토로했다. '버들 꽃 피는 봄'이란 인생의 아름다운 청춘기 혹은 황금기다. 죽음을 준비하는 노년기 보다는 인생의 행복을 구가하는 청춘기에 눈은 더 긴요할 것이다. 그리고 그런 인생의 세속적 행복에 집착하는 공간이야말로 범인(凡人)들의 세계라 할 수 있다.

일연은 그런 범인들의 시각으로 희명과 그 아들에게 일어난 이적(異蹟)을 보고자 했다. '광명혜안(光明慧眼)을 구비(具備)코자 하는 불도(佛徒)들의 심적(心的) 자세(姿勢)를 집약표현(集約表現)한 어사(語辭)'라는 일부 선학들의 주장도 일견 타당하겠지만, 세속에서 만나는 지극한 모정이 이루어낸 기적으로 보는 편이 훨씬 인간적이다. 이런 점에서 <도천수관음가>는 지극한 모정의 노래일 수 있는 것이다.

시인의 눈으로 본 <도천수관음가>

도천수관음가

박윤기

우리가 한 송이 꽃이었을 때
우리를 스쳐가는 모든 것은
바람이었네.

아직 꽃피우지 못한 마을의 아이들은 눈이 먼 채
不感의 하늘 속으로
잃어버린 點字를 찾고 있었지.

덫에 치인 꿈은
가위 눌린 채로 시위잠을 자고
젖줄 끊긴 살 속으로
뜨거운 嗚咽의 소리는 파고 들었네.

어느 빈 뜨락에도
아침을 몰고오는
소망의 작은 새떼는 날아오지 않고
우리들의 良識은
쉬임없이 강물에 자맥질하는
悔恨이었네.

층층이 내려서는
의식의 깊은 壁에

채찍의 겨울은 또 다른 장막을 둘러치고
바람은 무거운 囹圄마다
어둠이 부딪쳐 흩어지는 窓을
흔들며 있네.

은성했던 꿈의 부스러기가
부서져 내리는 길은 길마다
낮게 낮게 埋沒되고
우울의 계단을 빠져 나올 때
다시 어둠으로 차는 굴레.
모든 思念은 기실
풀었다가 다시 짜는 페넬로페의 織造였네.

돌아다 보면
그곳엔 오랜 묵시의 江이 흐르고
하늘을 더듬는 아이들의 작은 손이
기폭처럼 바람에 찢겨 나가고 있었지.

三界에 가득히
천사들의 흰 은총은 내려앉고
어디에서 시작되는 것일까.
청댓잎 푸른 가지를 비집고
피어오르는 아침은.
海潮音에 실려오는
비취 빛 청아한 아침 노래는.
오랜 冬眠의 잠에서 깨어난 아이들은 외출을 서두르고
회색의 겨울은
부활의 눈을 뜬다.[1]

---

1) 박윤기, <도천수관음가>, 중앙일보 1978년 신춘문예당선작.

8연의 매우 긴 이 시에서 시인은 향가 <도천수관음가>를 구체화하고 내면화 시켰다. 향가 <도천수관음가> 및 그것을 둘러싸고 있는 산문은 '암흑→광명', '무명(無明)→지혜'로 전환되는 의미구조를 지니고 있다. 박윤기의 <도천수관음가>도 그런 의미구조를 충실히 따랐다고 볼 수 있다.

1연은 전체의 서사(序詞)로서, '꽃'과 '바람'으로 환유되는 '나(우리)'와 '세계' 즉 우주적 보편상을 노래했다. 2연부터 6연까지는 실명과 암흑, 미망(迷妄)과 불행이 나열된다. '덫에 치인 꿈', '젖줄 끊긴 살', '뜨거운 오열', '날아오지 않는 소망의 작은 새떼', '회한', '의식의 깊은 벽', '채찍의 겨울', '무거운 영어(囹圄)', '어둠이 부딪쳐 흩어지는 창', '꿈의 부스러기', '우울의 계단' 등 어둡고 칙칙한 운명적 상황을 구체화 시키는 이미지들로 가득 차 있다.

비로소 신의 힘이 '묵시'되는 부분이 바로 7연의 '묵시의 강'이다. 물론 아직도 '하늘을 더듬는 아이들의 작은 손이/기폭처럼 바람에 찢겨나가는' 모습을 아프게 보여주는 곳이 그 부분이긴 하지만. 어쨌든 7연은 단절이 깊어진 성(聖)과 속(俗)의 두 영역 사이에서 하나의 가능한 기적이 역사적 사건으로 구체화 되려는 단초를 마련해 둔 전환점이라고 할 수 있다. 그러다가 8연에서 시적 의미는 행복으로 전환된다. '삼계에 가득히/천사들의 흰 은총은 내려 앉'게 되고, '비취빛 청아한 아침 노래'도 해조음에 실려 오게 되는 것이다.

'오랜 동면의 잠에서 깨어난' 일은 이미 암흑에서 광명으로 전환되었음을 보여준다. '회색의 겨울'이 '부활의 눈'을 뜬 것은 희명의 아들이 시력을 회복하듯 죽음에서 생명을 얻은 것과 등치의 관계를 보여준다.

시인 박윤기는 <도천수관음가>에서 '개안(開眼)'의 멋진 서사(敍事)를 길어 올려 서정의 틀 속에서 새로운 모습으로 형상화 하는데 성공했다고 할 수 있다. 물론 그의 시 내용 가운데 향가 <도천수관음가>에서 필자가 읽어낸 '모정'을 찾을 수는 없다. 그럼에도 불구하고 그 시에서 거부감을 느끼지 못하는 건 모정 역시 시의 내면이나 바탕에 잠재할 수 있는 정서의 큰 갈래일 수 있기 때문이다.

갈수록 그리워지는 모정

향가 <도천수관음가>의 모정이 바깥으로 두드러지지 않는 것은 그 많은 천수관음의 손과 눈 밑에 가려져 있기 때문이다. 모든 것이 보살의 힘이나 부처의 힘으로 찬양되던 불교왕국 신라. '한기리의 희명 모자'는 그 시절의 '힘없는' 중생을 대표하던 존재들이었다. 그러나 그들 사이에 오고 가던 정, 특히 자식에 대한 어머니의 정은 무엇보다 강했다. 귀족계급도 아닌 시골 사람 희명이 모정이라는 단순 소박한 무기로 관음보살을 움직인 것이다. 그건 감동의 힘이었다.

그래서 "신라 사람들 가운데는 '향가'를 숭상하는 자가 많았고, 천지귀신을 감동시킬 만한 노래가 한 둘이 아니었다."고 『삼국유사』의 편찬자는 말했을 것이다. 희명의 염원을 실은 <도천수관음가>가 천수관음의 마음을 움직였고, 결국 천수관음이 그녀의 소원을 들어준 것만 보아도 알 수 있다.

그러나 어머니의 염원에 힘입어 눈을 뜬 어린 아들은 과연 그 자리에서 어머니의 사랑을 느낄 수 있었을까. 어쩌면 그는 어른이 되어서야 어머니의 사랑을 깨닫게 되었을지도 모른다. 그러니 부모가 되어 보아야 부모의 마음을 알 수 있다는 말 속에는 자연의 이치를 벗어나지 않는 진실이 내재되어 있다.

신달자의 <사모곡>과 가수 태진아의 <사모곡>을 통해 <도천수관음가>에 담긴 모정의 실체를 찾아보기로 하자.

사모곡

신달자

길에서 미열이 나면
하나님 하고 부르지만
자다가 신열이 끓으면
어머니,
어머니를 불러요

아직도 몸 아프면
날 찾냐고
쯧쯧쯧 혀를 차시나요
아이구 이꼴 저꼴
보기 싫다시며 또 눈물 닦으시나요

나 몸 아파요, 어머니
오늘은 따뜻한 명태국물
마시며 누워 있고 싶어요
자는 듯 죽은 듯 움직이지 않고
부르튼 입으로 어머니 부르며
병뿌리가 빠지는 듯 혼자 앓으면

아이구 저 딱한 것
어머니 탄식 귀청을 뚫어요

아프다고 해라
아프다고 해라
어머니 말씀
가슴을 베어요[2)]

사모곡

이덕상 작사/태진아 노래

앞산 노을 질 때까지 호미자루 벗을 삼아
화전밭 일구시고 흙에 살던 어머니
땀에 찌든 삼베적삼 기워 입고 살으시다
소쩍새 울음 따라 하늘 가신 어머니
그 모습 그리워서 이 한 밤을 지샙니다

무명치마 졸라매고 새벽이슬 맞으시며
한평생 모진 가난 참아내신 어머니
자나 깨나 자식 위해 신령님 전 빌고 빌며
학처럼 선녀처럼 살다 가신 어머니
이제는 눈물 말고 그 무엇을 바치리까

자나 깨나 자식 위해 신령님 전 빌고 빌며
학처럼 선녀처럼 살다 가신 어머니
이제는 눈물 말고 그 무엇을 바치리까

---

2) 신달자, <사모곡>, 『이향아 · 신달자 · 유안진 신작시집』(문채시 : 9집), 혜원출판사, 1987, 30쪽.

두 노래 모두 어머니의 위대한 힘을 말하고 있다. 문제가 생길 경우 신에게 매달리듯 전자의 화자에게 어머니는 매달리는 존재다. '자다가 겪는 신열'은 '길에서 겪는 미열'보다 고통의 면에서 심각하다. 그럴 때 화자는 신이 아니라 어머니를 부른다고 했다.

'엄마 손은 약손'임을 굳이 거론할 필요도 없이, 아프고 괴로울 때 떠올리게 되는 존재가 어머니임을 화자는 말하고 있다. 자식의 아픔에 눈물을 닦고 탄식하는 존재가 어머니임을 안타깝게 확인하고 있는 것이다. 화자는 '아프다고 해라/아프다고 해라' 하시던 어머니의 말씀이 가슴을 벤다고 슬퍼한다. 자식의 아픔과 어려움을 자신이 떠안으려는 존재가 어머니임을 결련에서 밝힌 것이다.

전자의 경우 1→2→3→4연으로 갈수록 모정에 대한 느낌의 강도는 고조된다. '불러요→닦으시나요→뚫어요→베어요' 등 각 연의 결미(結尾) 동사들은 정서적 고양의 극적인 단서들이다. 아픈 자식을 근심스레 바라보며 그의 아픔을 자신의 것으로 만들고 싶은 어머니, 그 어머니에 대한 자식의 뒤늦은 깨달음을 절절하게 노래한 경우다. 신달자의 <사모곡>에 그려진 모성애야말로 <도천수관음가>의 모성애 바로 그것이다.

태진아의 <사모곡>에는 '흙에 살던, 가난한' 어머니가 등장한다. 모진 가난을 참아내며 땅 속에서 힘겹게 살다가 '소쩍새 울음 따라 하늘 가신' 어머니다. 그토록 어렵게 살면서도 '자나 깨나 자식 위해 신령님 전 빌고 빌던' 분이었다. 자신의 행복을 위해서가 아니라 자식의 건강과 미래를 위해 신령에게 기원하던 모정을 '눈물로' 그리워하는 노래다. 따라서 태진아가 부른 <사모곡>의 모정 역시 <도천수관음가>의 모정 그 자체다.

<도천수관음가>는 천수관음의 영험함을 드러내어 신라사회에 관음사상의 뿌리를 굳히려는 목적으로 만든 노래로만 볼 수는 없다. '한기리의 여자 희명'이나 '다섯 살에 눈 먼 그의 아들'이 실존했던 인물들일 수 있고, 분황사에 가서 갑작스런 눈병을 고친 사실도 충분히 있을 수 있다. 그러한 실존인물들과 사실을 통해 부처나 관음의 영험함을 선양하려는 의도 역시 분명하다고 본다. 그럼에도 불구하고 필자가 이 시와 배경산문에서 모정을 읽어내려는 것은 세상이 각박해질수록 모정은 샛별처럼 빛남을 확인할 수 있기 때문이다.

<도천수관음가> 이래 시대마다 모정은 위대한 힘을 발휘했고, 여성이 사회적 강자로 떠오르고 있는 지금 모정은 그 어느 때보다 우리의 삶과 생각을 휘어잡고 있다. <도천수관음가>의 모정은 천수대비를 감동시킴으로써 원하는 바를 얻었다. 그러나 지금의 모정은 스스로의 힘으로 자식이 필요한 것들을 마련해주려고 한다. 그것은 시대의 변화에 따른 결과일 뿐 <도천수관음가>의 모정으로부터 변화(혹은 변질)된 것은 아니다. 지금도 <도천수관음가>의 모정은 시퍼렇게 살아 있는 것이다.

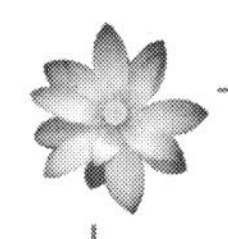

제6장

'물욕'과 '무소유'의 극적인 만남

–<우적가>의 초월미학–

소유의 욕망, 텅 빈 영혼

소유는 욕망의 1차적 실현태다. 그러나 소유한다고 소유의 욕망이 소멸되는 것은 아니다. 소유는 또 다른 욕망을 낳고, 그 욕망을 충족시키기 위해 더 큰 소유를 갈망한다. 그러다 보면 끝내 인간은 아무것도 소유할 수 없게 된다. 그저 '소유했다'고 착각할 뿐이다. 소유하려는 대상은 그림자이고, 소유하려는 몸짓은 어릿광대의 허튼 춤에 불과하다. 아무것도 소유할 수 없는 것은 인간의 유한성 때문이다. 그럼에도 인간은 끊임없이 소유를 추구하고, 결국 아무것도 쥐어보지 못한 채 이승을 떠난다. 소유했다고 착각하는 모든 그림자들을 힘없이 놓아버린 채, '아무것도 없음'의 세계로 스며든다.

그런데, 왜 순간 속에 명멸하는 인간은 '소유하려고' 안간힘을 쓰는 것일까. 소유의 대상은 물질, 물질의 본질은 소멸이다. 물론 소멸과 생성은 짝을 이룬다고 하리라. 인간의 욕망은 존재에만 초점이 맞추어져 있을 뿐, 소멸을 받아들이고자 하지 않는다. 소멸의 참된 의미에 대한 무지 혹은 무명(無明) 때문이다. 무명이란 불교의 진리를 알지 못하는 상태, 진여(眞如)와 모순되는 비진여(非眞如)의 세계다. 만상이 평등하다는 불교의 진리를 알지 못하고 차별상에 집착하여 온갖 번뇌를 지어내는 망상의 근본이 바로 무명이다.

'무언가를 갖는다는 것은 다른 한편 무언가에 얽매인다는 것'. '태어날 때 아무것도 가지고 오지 않았으나, 살다보니 이것저것 내 몫이 생기게 되고, 그것들 때문에 자유롭지 않음을 깨달았다'고 법정(法頂)은 말했다.[1] 집착이 괴로움이오, 소유가 우리의 눈을 멀게 한다는 것이다. 존재를 옭아매는 소유의 삶과 달리 무소유의 삶은 인간을 크게 자유롭게 한다는 것이 노선사의 '대할(大喝)'이다.

소유욕은 총명을 가려 어리석어지고, 그 어리석음에 사로잡힌 인간은 다시 소유욕을 발동시켜 인생을 불사른다. '값 비싼 진주목걸이'에 홀려 10년간이나 헛된 고생을 해야 했던, 「목걸이」의 주인공 마틸드를 통해 모파상은 물욕의 허망함을 보여주었다.[2]

소유욕은 집착이다. 명문(名聞), 이양(利養), 자생(資生)의 도구에 집착하여 몸을 편안케 하는 데 힘쓰는 것이 범부(凡夫)들이다. 물질과 소유의 헛됨을 깨닫는 것이야말로 범부의 경지를 벗어나는 일이다. 범부의 세계는 탐착(貪着)의 공간이다. 탐착의 공간을 벗어날 수 있게 하는 디딤돌이 바로 깨달음이다. '탐욕이 많은 자는 금을 나누어 주어도 옥을 얻지 못함을 한탄하고 공후백작의 벼슬에 봉해져도

---

1) 법정, 『無所有』, 범우사, 1995, 23~27쪽.

2) 기 드 모파상, 서치헌 옮김, 『목걸이』, 소담출판사, 2005.

제후에 오르지 못함을 불평하니 권귀(權貴)의 자리에서 도리어 거지 노릇 함을 달게 여긴다'고 했다. 채근담의 말이다.[3] 학문이 깊다고, 벼슬이 높다고 쉽사리 범부를 벗어나지는 못한다. 물질의 허망함, 소유의 부질없음을 깨닫지 못하면 학문과 벼슬이 무슨 소용이랴. '말 타면 경마 잡히고 싶다', '바다는 메워도 사람의 욕심은 못 채운다'는 전래 속담이 있다. 사람의 소유욕이란 그 얼마나 뿌리 깊은가.

우리의 옛 노래나 시들 가운데 깨달음 혹은 깨우침을 주제로 한 것들이 많다. 그 대부분은 소유욕의 미망(迷妄)을 경계한 것들이다. 소유욕의 굴레만 벗을 수 있다면 우주 속의 자유인이 될 수 있다는 진리. 그런 진리를 설파한 노래들이 꽤 된다. 그간 그것을 믿고 따른 사람들이 그리 많진 않았으나, 그 진정성은 지금도 유효하리라.

영재의 인간적 면모와 골계의 미학적 힘

『삼국유사』 권 5의 '피은(避隱)' 조. 이곳에는 세상을 피해 숨어사는 중이나 일사(逸士)들의 특이한 행적이 기록되어 있다. 영재 스님의 행적과 <우적가>에 관련된 에피소드 역시 그 중 하나다. 영재는 '타고난 성격이 골계(滑稽)를 좋아하여 사물에 얽매이지 않았으며 향가를 잘했다'고 한다. 만년에 숨어 살고자 남악(南岳)으로 가다가 60여명의 도적떼를 만나게 된 것. 그들이 영재에게 해를 입히려 하자 영재는 칼날이 가까이 닿아도 두려운 빛 없이 태연했다고 한다. 괴이하게 여긴 도적들의 물음에 그는 '영재'라고 자신을 소개했다.

3) 홍자성 저, 송정희 역, 『채근담』, 명지대 출판부, 1979, 423쪽.

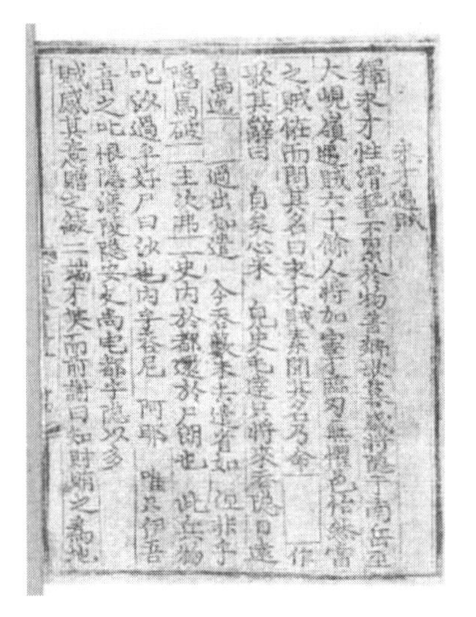

▲『삼국유사』권 5 ‘영재우적’ 조

놀라운 건, 도적들이 이미 평소에 영재의 이름을 들어 알고 있었다는 사실이다. 도적들이 그의 정체를 확인하자마자 노래를 짓게 한 것을 보면, 도적들이 알고 있었다는 영재의 명성 근저에는 도력(道力)과 함께 노래실력이 있었던 것으로 보인다.

‘영(永)’은 ‘영언(永言)’의 ‘영’이고, ‘영언’은 노래를 뜻한다. 『서경(書經)』「순전(舜典)」에 ‘시언지(詩言之) 가영언(歌永言)’이란 말이 나온다.[4] ‘영언’ 즉 말을 길게 하면 노래가 된다는 것이다. 그러니 ‘영재’는 재주 있는 노래꾼, 요즘 말로 하자면 뛰어난 ‘싱어송라이터(sing a song writer)’ 쯤으로 볼 수 있지 않을까. 그는 노래와 실력으로 당대에 이름을 날리던 도승이었다. 그러니 그가 만들어 부른 노래를 듣고 도적들이 감동을 받은 것은 당연했다. 물건이나 목숨까지 빼앗으려던 도적들이 도리어 그에게 비단 두 끝을 건넨 점으로도 그의 노래가 엄청난 힘을 발휘했음을 알 수 있다.

그러나 물질의 구애(拘碍)에서 벗어나 산 속으로 들어가던 영재가 비단 두 끝을 받을 리 없었다. ‘재물이 지옥의 근본이 되는 줄 알았

4) 阮元 校注, 『尙書』제1편 虞書 舜典 제2의 “帝曰, 夔, 命汝典樂, 敎胄子, 直而溫, 寬而栗, 剛而無虐, 簡而無傲, 詩言志, 歌永言, 聲依永, 律和聲, 八音克諧, 無相奪倫, 神人以和.” 참조.

기에 장차 깊은 산으로 도피하여 한 평생을 보내려 하는데, 이를 어찌 받을 수 있겠는가?'라는 영재의 말 한 마디에 도적들은 칼과 창을 던지고 머리를 깎았다. 영재의 문도(門徒)가 되어 함께 지리산에 숨어 들어간 것이다. 감동적인 노래가 만들어낸 극적 반전(反轉)이었다.

그 반전을 빚어낸 직접적 요인은 영재의 인품과 노래였다. 앞에서 영재는 골계를 좋아하여 사물에 얽매이지 않았으며 향가를 잘했다고 했다. 그런데 '골계를 좋아했다(性滑稽)'는 것, '사물에 얽매이지 않았다(不累於物)'는 것, '향가를 잘했다(善鄕歌)'는 것 등은 과연 별개의 사실들일까, 아니면 서로 유기적인 인과관계로 연결되는 사실들일까. 골계를 좋아하면 물질에 얽매이지 않을 수 있을 것으로 보이긴 한다. 그러나 그것이 '향가를 잘 한다'는 사실과는 얼핏 아무 관계도 없는 것처럼 보인다.

물론 '신라 사람들이 향가를 숭상했고, 천지와 귀신을 감동시킨 향가가 한 둘이 아니었다'는 기록을 보면 분명 향가가 '물루(物累)'의 저급한 차원을 뛰어넘는 형이상학적 의사전달의 도구로 받아들여지고 있었음은 분명하다. 그러니 이 부분의 '골계-물루를 초월함-향가를 잘 함'은 묘하게도 독립적 개념들이되 하나로 연결되고, 하나로 연결되면서도 서로 독립적인 의미영역을 지닌다. 그러나 분명한 것은 골계와 향가가 핵심이고, '사물에 얽매이지 않음'은 그 결과적 현상이라는 점이다. 골계에 능한 영재였으므로 대상의 부조리함을 미학적으로 지적하여 노래로 표출할 수 있었고, 그 결과 대상으로 하여금 물질의 구속으로부터 벗어나 깨달음의 세계로 들어갈 수 있도록 한 것 아닌가?

그래서 영재와 그의 노래를 둘러싼 논리의 출발은 골계다. 골계는 해학과 풍자를 포괄하는 개념이다. 고착된 질서의 파괴를 통해 경직된 내면을 풀어주는 해학, 우월한 주체가 부조리하고 폐쇄적인 사회를 공격하는 풍자. 모두 교훈성과 오락성을 함께 지닌다. 사회의 상류층이 독점하고 있던 기존 윤리의 허식성에 대한 공격, 본능의 자유로움을 추구하는 기층민중의 요구에 대한 합리화 등이 골계로 나타난다. 물질과 이념의 구속을 벗어나려는 자유혼의 소유자만이 진정한 골계의 미학을 구현할 수 있는 것도 그 때문이다.

불교의 나라 신라에서 현실적으로 불교는 큰 힘을 발휘하고 있었다. 원효가 해동종(海東宗)을 일으켜 민중불교를 일으킨 사실은 당시의 불교가 주로 귀족들을 위해 봉사하고 있었음을 반증한다. 비판미학을 발판으로 향가를 '잘 하던' 영재로서도 그런 부조리한 현실을 견딜 수 없었을 것이다. 그래서 현실을 훌훌 털고 '늙은 나이'에 남악(南岳) 즉 지리산에 은거하러 가는 길이었다. 도적들을 만난 곳은 지리산으로 가는 길목인 대현령(大峴嶺)이었다. 인간의 영혼을 구속하는 물질을 버리고, 나이 늙어 세상의 명리에 대한 욕심마저 버린 영재에게 두려울 게 무엇이었을까. 노래 값으로 도적들이 비단 두 끝을 주자 웃으며 물리친 영재였다. 그는 1차적으로 물욕에서 벗어났고, 삶의 집착에서 벗어나 있었다. 재물을 던져버린 것은 물욕을 벗어난 증거요, 도적들의 칼날을 두려워하지 않은 것은 삶의 집착에서 벗어난 증거였다.

물질과 생명을 초월한 영재에게 남은 것은 온전한 자유였다. 도적들도 그것을 배우고자 했다. 그래서 창칼을 버리고 머리를 깎은 채 영재의 문도가 되었던 것이다. 영재의 가장 큰 힘은 물질과 생명에 대한 집착과 욕망으로부터의 초탈이었다. 말하자면 무소외(無所畏), 무포외(無怖畏)의 경지였다. 부처가 대중을 향해 설법할 때 태연하여 마음에 두려움이 없었던 경지로 '사무소외(四無所畏)'[5]가 있는데, 보살의 그것도 있다. 교법(敎法)을 듣고 명구문(名句文)과 그 의리를 잊지 않고 남에게 가르치면서 두려워하지 않는 것, 중생 근성의 예리함과 우둔함을 알아서 그에 맞는 법을 말해두고 두려워하지 않는 것, 다른 사람의 의심을 판결하여 적당한 대답을 하고 두려워하지 않는 것, 어려움에 관한 여러 가지 물음에 따라 자유자재하게 응답하고 두려워하지 않는 것 등이 보살의 '사무소외'다.[6] 말하자면 영재가 보여준 태연자약은 보살의 사무소외에서 나온 것이며, 따라서 그의 노래는 도적들의 '악하면서도 우매한' 근성에 맞추어 설한 일종의 법문이었다.

영재와 도적의 대결은 무욕과 탐욕의 대결이었다. 영재가 도적들을 굴복시킨 것은 무욕이 탐욕을 이긴 것이다. 삼세(三世) 죄업은

---

5) 부처의 사무소외는 '정등각무외(正等覺無畏), 즉 일체의 모든 법을 평등하게 깨달아 다른 사람의 힐난을 두려워 하지 않음/누영진무외(漏永盡無畏), 즉 온갖 번뇌를 다 끊었다 하고 밖으로부터의 어려움을 두려워하지 않음/설장법무외(說障法無畏), 즉 보리(菩提)를 장애(障碍)하는 것을 말하고 악법은 장애되는 것이라고 말하여 다른 사람의 비난을 두려워 하지 않음/설출도무외(說出道無畏), 즉 고통세계를 벗어나는 요긴한 길을 표시해서 다른 사람의 비난을 두려워하지 않음.' 등이다.

6) 보살의 사무소외는 교법(敎法)을 듣고 명구문(名句文)과 그 의리(義理)를 잊지 아니하고 남에게 가르치면서 두려워하지 않는 것이 능지무외(能持無畏)요, 대기(對機)의 근성이 예리하고 우둔함을 알아서 알맞은 법을 말해주고 두려워하지 않는 것이 지근무외(知根無畏)요, 다른 사람의 의심을 판결하여서 적당한 대답을 하고 두려워 하지 않는 것이 결의무외(決疑無畏)이며 여러 가지 문난(問難)에 대하여 자유자재하게 응답하고 두려워하지 않는 것이 답보무외(答報無畏)다.

원천적으로 소유욕의 발동으로부터 생겨나니 '나' 중심의 소유욕을 막아야 화평한 자유를 누리게 된다는 것은 이미 인도 최고의 시인 마명(馬鳴)[AD 80(?) 인도 아요디아~150(?) 페샤와르]이 기신론(起信論)[7]을 통해 설파한 생각이다. 사실 영재의 상대역으로 등장한 존재가 도적들이지만, 따지고 보면 세상의 선남선녀들 가운데 소유욕으로부터 자유로운 존재는 그 누구인가. 그런 점에서 물질과 관련해서 따질 때 인간은 본질적으로 '도적'의 범주를 크게 벗어나지 않는 존재들이다. 그러니 영재가 도적을 감복시킨 사례는 뭍 중생들을 깨우칠 목적의 비유적 표현으로서 소유욕의 허망함을 설파하기 위한 방편의 법문으로 보아도 무방하리라. 따라서 그 순간의 영재는 '신라의 마명'이었던 셈이다. 문학과 음악에 조예가 깊어 마갈타 국에 있을 때 뇌타화라(賴吒和羅)라는 노래를 지었고, 몸소 악사들과 어울려 왕사성에서 이 노래를 통해 무상(無常)의 이치를 뭍사람들에게 가르쳤으며, 그 결과 성중의 오백 왕자들을 출가하게 만들었다는 마명. '노래를 잘하여' 결국 도적들을 출가 수도자로 만든 영재의 사적이 마명의 그것과 통할 뿐 아니라 중생으로 하여금 '소유욕'을 버리게 만든 점 역시 그러하다고 할 것이다.

영재의 깨달음, 그리고 <우적가>의 경계

노래의 원문 가운데 결자(缺字)와 판독 불가능한 글자들이 있긴 하지만, 대의 파악은 그리 어렵지 않은 것이 <우적가>다. 선학들의

7) 마명(馬鳴) 저, 진제(眞諦) 역, 『대승기신론(大乘起信論)』, 보련각(寶蓮閣), 1978.

해독을 바탕으로 추정할 수 있는 노래의 대의는 다음과 같다.

제 마음을
모르고 지내온 날들,
오랜 세월이 지나
이제 은거하러 가노라.
오직 그릇된 길을 가는 파계주들 만나
두렵다고 어찌 다시 돌아가리.
이 칼에 한 번 찔리면
좋은 날이 오리라 생각되지만,
아아, 보잘 것 없는 내 선업(善業)만으론
새 집을 지을 수 없다네.

自矣心未
皃史毛達只將來呑隱日
遠鳥逸□□過出知遣
今呑藪未去遣省如
但非乎隱焉破□主
次弗□史内於都還於尸朗也
此兵物叱沙過乎
好尸曰沙也内乎呑尼
阿耶
唯只伊吾音之叱恨隱
潽陵隱安支尙宅都乎隱以多

'제 마음을~가노라', '오직~돌아가리', '이 칼에~되지만', '아아~없다네' 등, 이 노래는 4단으로 나뉜다. 첫 부분에 제시된 것은 오랜 세월 갇혀있던 어리석음과 욕망의 덫으로부터 '자기 성찰'의 시공으

▲보각국사 일연의 부도와 탑(경북 군위군 고로면 화북리 소재)

로 옮겨 가려는 깨달음의 명제다. 도적과의 만남을 노래한 둘째 부분의 내용은 깨달음을 실행에 옮기는 과정에서 부닥친 시련이다. 현세의 욕망을 초월하여 내세를 맞이하고자 하는 발원심이 셋째 부분이고, 그런 시공으로 들어갈 만큼 공덕을 쌓지 못한 데 대한 깨달음과 탄식이 마지막 부분이다.

도적들이 감동하여 영재에게 비단 두 필을 준 것도 이 노래로부터 받은 감동 때문이었다. 그러자 영재는 도적들에게 사양하며 웃음으로 말하길, "재물이 지옥의 근본이 되는 줄 알았기에 장차 험한 산으로 도피하여 일생을 보내려 하는데, 이를 어찌 감히 받겠는가."라고 했다. 그러니 '재물이 지옥의 근본'임과 '속세에 살면 재물의 유혹으로부터 자유롭지 못하다'는 생각이 영재의 말 속에 들어있고, 그런 생각은 <우적가>의 근본 모티프이기도 하다. 말하자면 도적들의 요구대로 재물을 주려면 다시 속세로 돌아가야 하는 스스로의 처지가 딱했던 것이다.

'제 마음을 모르고 지내온 날들'은 세상의 명리와 물욕에 가려 대상의 본질을 제대로 깨닫지 못하던 암흑의 시간대였다. 그러나 그런 과거에 비해 '지금'은 '자성(自性)의 밝음'을 터득한 깨달음의 시공이었다. '소유욕이 헛되다'는 깨달음은 그가 비로소 올바른 '심안(心眼)'

을 회복했음을 의미한다. 도적들의 칼에 찔리면 무명(無明)의 세상을 하직하고 극락에 갈 수도 있겠지만, 그러나 자신이 그간 쌓은 공덕으로는 아직 그런 이상적인 시공을 마련하지 못했다고 보았던 것이다. 따라서 이 노래 속에는 두 가지의 메시지가 들어 있는 셈이다.

자신의 과거 시간대에 대한 반성, 미래를 예비하지 못한 현재의 부실함에 대한 깨달음 등이 그것들이다.

일연은 『삼국유사』의 해당 기록에 도적떼를 감화시킨 영재의 행적에 대한 찬시를 다음과 같이 붙였다.

석장 짚고 산을 찾을 제
그 뜻은 더욱 깊어.
비단이나 구슬이,
어찌 마음 달랠 건가.
녹림의 군자들이여,
물건을 주지 말아다오.
지옥이 뿌리 없다 하나,
한 치 황금이 바로 그것이리.

<이가원 역>

策杖歸山意轉深
綺紈珠玉豈治心
綠林君子休相贈
地獄無根只寸金

'비단이나 구슬'은 소유욕망을 자극하는 '물질'이다. 그것을 자신에게 줌으로써 물욕을 자극하지 말라고 애걸했다. 이 찬시의 지은이가 보기에 물욕의 굴레로부터 벗어나 자유로운 곳으로 도망가고 있는 영재에게 도적들이 건네주는 비단은 영재의 존재를 옭아매는 새로운 고삐이자 지옥행의 빌미였던 것이다.

당시 영재의 나이 90이었고, 때는 원성왕대였다. 원성왕은 서기 785년부터 798년까지 재위했으니, 신라 하대에 속한다. 어느 왕조나 마찬가지이겠으나, 하대에 들어서면 대체로 모든 기강이 문란해지는 법. 무엇보다 자심해지는 것이 지배계층의 도덕적 일탈이었다. 불교는 모든 면에서 신라의 핵심이었다. 당시 정치나 군사적 리더의 공급처는 화랑 집단이었고, 왕왕 이름 있는 승려들은 화랑을 겸하기도 했다. 또한 불교세력은 귀족화하여 부와 귀를 독점하다시피 했다. 원효가 민중불교로의 개혁을 시도한 것도 정치화, 귀족 세력화된 당시 불교계의 상황을 반증하는 일이었다. 이런 상황에 대하여 올곧은 승려라면 환멸을 느꼈을 것은 자명한 일. 90에 이르기까지 불교세력의 핵심에 속해 있던 영재로선 더 이상 그런 생활을 지속할 수 없었다. 늙기도 늙었으려니와 더는 그런 죄업을 지을 수 없다는 깨달음이 그를 엄습한 것이었다.

노래로 법문으로 중생들의 어리석음을 깨치던 영재가 세속에서의 삶을 떨쳐버리고 시정(市井)을 떠나 산 속으로 들어가려는 것도 자신이 물질의 허영(虛影)에 얽매여 있음을 깨달았기 때문이었다. 나이 90에서야 이것을 깨달았다면 때 늦은 감이 없진 않지만, 그러기에 그 깨달음은 더욱 간절했을 것이다.

노래에 표출된 것이 정토사상(淨土思想)이든 미타신앙(彌陀信仰)으로부터 나온 서원(誓願)이든 크게 문제될 것은 없다. 영재가 본질적으로 지향한 것은 물욕으로부터의 초월과 그로부터 확보되는 자유에 있었기 때문이다. 무기를 들고 사람들의 재물을 탈취하려는 도적들을 굴복시킨 것도 이처럼 영재의 명망과 함께 노래가 지닌 감화력 덕분이었다.

시인들의 마음 밭에 뿌려진 <우적가>

〈우적가〉는 도적들을 감동시킨 천고의 가편(佳篇)이다. 흉악한 도적들을 감동시켰으니 그보다 선한 근기(根機)의 중생들이 감동받지 못할 이유가 없다고 일연은 생각했을 것이다. 그래서 이 이야기는 『삼국유사』에도 오를 수 있었으리라. 영재로부터 감동받은 건 도적들만이 아니다. 요즘의 시인들이 영재의 행적이나 <우적가〉의 정신으로부터 촉발된 시심을 세련된 표현으로 꽃 피워내고 있다. 스스로 '시의 보살' 되기를 염원하는 박희진 시인. '무아무위(無我無爲)의 명경지수 같은 마음을 지녀야만 사물의 본질을 있는 그대로 꿰뚫어 볼 수 있고, 대 긍정과 찬미의 시를 쓸 수도 있다'는 믿음을 가진 그가 새롭게 쓴 <우적가〉는 다음과 같다.

우적가

박희진

영재(永才)는 익살맞고 슬기로웠던 신라의 중,
향가를 잘 해 소문이 자자했다.
나이 90에 남루를 걸치고
장차 남악(南岳)에 은거하려 하니,
지팡이 앞장서서 대현령(大峴嶺)에 닿았는데

도적 수십 명이 칼날을 들이댔다.
하지만 그의 화기(和氣)에 물들어서
서슬이 죽자, 수상히 여긴 도적
이름을 물으니 영재(永才)란다
다음의 노래는 그 때 도적들이 짓게 한 것.

「제 마음 본성을 깨치지 못해
악몽보다도 어둡고 어지럽던 수렁의 나날,
겨우 고개를 내밀었다간
또 빠지곤 했던 일이 이제는 아득해라.

홀로 숨어서 이 길을 가려 하나
사방도처에서 빛이, 훈풍이, 새소리 물소리가
쏟아져 오니 화락하기 그지없다.
어찌 그릇된 파계주(破戒主)를 두려워하랴

옛날 부처님의 전신이던 살타태자(薩陀太子)는
굶주린 호랑이와 그 일곱 마리 새끼를 위해
스스로 제 목을 마른 대로 찌르고는
낭떠러지 아래로 뛰어내려 목숨을 버렸거니.

이 내 목에 칼이 기어이 찔린다면
차라리 좋을시고. 흐르는 핏속에서
새 날이 밝아 오리. 다만 그 정도의
선업으론 정토(淨土)에 못 이를까 한(恨)이로다」

도적들 크게 감동하여 비단 두 필을
그에게 주니 영재는 웃으면서,
「재물이 지옥 가는 근본임을 알아,
바야흐로 깊은 산에 숨어서 살려는

이 몸이 어찌 이것을 받겠는가」
하며 땅에 비단 두 필을 내던졌다.
그러자 도적들도 일제히 무릎 꿇고
가졌던 칼과 창들을 내버렸다.
그길로 머리 깎고 영재의 도제되어
더불어 지리산에 숨었다 한다.
다시는 세상에 나오지 않았단다.[8]

이 작품은 3단 구조의 서사시 형태를 띠고 있다. 주인공 영재의 신상에 관한 설명, 사건의 발단인 '도적과의 조우' 및 <우적가> 창작의 동기 등이 첫 단이다. 둘째 단은 박희진 식으로 해석한 <우적가>이고, 마지막 단은 스토리의 결말로서 '감동에 의한 도적들의 참회'를 내용으로 한 부분이다.

'배경산문+노래'로 이루어진 것이 원래 『삼국유사』의 해당 부분이다. 그러나 여기서는 원래의 배경산문을 서사시의 형태로 바꾸어 놓았고, 원래의 노래를 재해석하여 삽입시가로 처리해 놓았다. 주인공 영재의 모습과 〈우적가〉의 본질에 관한 『삼국유사』의 기록을 충실히 살리면서도 서사적 갈등과 해결의 과정이 단순·명쾌하게 제시되었다. 이 작품의 초점은 삽입 노래다. 4단으로 처리한 것은 원래 〈우적가〉의 구조와 부합한다. 그러나 내용이 다분히 부연적(敷衍的)이고 전체의 분위기는 화려하다.

마음에 대한 무지와 무명의 상태를 청산하고 은거하러 가는 지금의 상태를 노래한 것이 원래의 1단이었다. 은거하러 가는 '지금', 깨달음의 경지에 이르렀음을 강조한 것이 이 부분의 본의다. 이 점은

8) 박희진, <우적가>, 『연꽃 속의 부처님』, 만다라, 1993, 266쪽.

새로운 〈우적가〉도 마찬가지다. 마음의 본성을 깨치지 못해 어둡고 어지러웠다고 했다. 빠져나오려 하면서도 다시 빠져들곤 하던 과거 시간대의 부정적인 모습. 그러나 지금은 그 시절의 그런 모습이 '아득하다'고 했다. 말하자면 지금 '깨달음의 경지에 이르렀음'을 강조하고 있는 것이다. 파계주(破戒主) 즉 도적떼들을 직설적으로 간단하게 언급한 원래의 노래에 비해 이 노래는 화려한 수사와 현란한 표현양태를 보여주고 있다. 아름다운 자연이 만들어내는 화락함 속에서 파계주를 두려워할 이치가 없다는 것, 싯달타가 자신의 육신을 굶주린 호랑이 가족에게 먹이기 위해 낭떠러지에서 뛰어내려 목숨을 버렸다는 것 등을 원래 노래의 '도적 만난 광경'에 대응하는 것으로 제시했다. 그리고 도적의 칼에 죽임을 당함으로써 밝아올 '새날'을 기대한다는 것, 그러나 그 정도로는 정토에 갈만한 선업이 될 수 없다는 두려움과 한탄 등으로 마지막 단은 이루어져 있다. 그러니 원래의 <우적가〉와 박희진의 〈우적가〉 '삽입시'는 같은 듯하면서도 엄연히 다르다. 시인이 『삼국유사』에 실린 「우적가」의 배경설화는 서사시의 문체로 충실하게 옮겨놓은 반면 원래의 〈우적가〉는 상당 부분 시인의 의도에 따라 패러프레이즈 해놓은 셈이다. 말하자면 원래의 〈우적가〉에 대한 조심스런 해석이라 할 수 있다.

좀 더 암시적이고 은유적이라는 점에서 다음에 제시하는 박제천의 <우적〉은 박희진의 〈우적가〉와 다르다.

우적

박제천

스스로도 제 마음의 얼굴을 몰라라
날 저무니 나는 새도 보이지 않아라
일러줄 듯하던 달도 숨어 버려라
오로지 님의 허물로 돌려야 할까
두려움이여
칼끝에 어려 비치는 한세상의 덧없음이여
이 노래에 맺힌 한은 한 채 집으로나 남으려나[9]

'제 마음의 얼굴', '두려움', '칼끝', '덧없음', '한 채 집' 등은 원래의 <우적가>에도 나오는 이미지 혹은 개념들이다. 그러나 시상이 형성하는 의미내용은 아주 다르다. 여기서 '님'은 누구인가. 시인은 '님의 허물'을 언급했다. 내 스스로의 모습도 모르고, 깜깜해진 세상은 더욱 모르겠다는 것이 시적 자아의 한탄이다. 알려줄 줄 알았던 달도 숨었으니, '나'를 보호해 줄 의무가 있는 님의 탓으로나 돌릴 것인가. 그래서 '두렵다'고 했다. 그 두려움은 아마도 무명과 무지의 두려움일 것이다. 알려주는 이 하나 없는 '외로움'을 노래한다고 생각했는데, '한세상의 덧없음'이 바로 이어진다. 그것도 '칼끝에 어려 비치는' 덧없음이었다.

여기까지만 읽는다면, 전장을 누비면서 일생을 보낸 늙은 장수의 회한쯤으로 볼 수도, 방황하는 구도자의 막판 좌절쯤으로 읽을 수도 있을 것이다. 그러나 독자들이 제각각의 방향으로 마구 빠져들도록

9) 박제천, <우적>, 『달은 즈믄 가람에』, 문학세계사, 1984, 87쪽.

놔두지 않은 것은 시인의 교묘한 배려라 할 수 있을까. 마지막 행 '이 노래에 맺힌 한은 한 채 집으로나 남으려나'를 주시해보자. 이 행은 독자로 하여금 시인이 마련한 정서의 함정에 맥없이 풍덩 빠지지 않도록 일종의 '소격(疏隔) 효과'를 발휘한다고 할 수 있으리라. 원래의 〈우적가〉 마지막 행에서 영재는 '아아, 보잘 것 없는 내 선업(善業)만으론/ 새 집을 지을 수 없다네'라고 한탄했다.

'집'은 시적 자아가 저승에 가서 깃들 공간이다. 영재는 '새 집을 지을 수 없다' 했고, 박제천은 '한 채 집으로나 남으려나'고 했다. 따라서 영재의 '새 집'은 생명과 행복이 깃든 천국의 공간이라면, 박제천의 '한 채 집'은 생명이 사라진 '껍질뿐인 공간'이라는 점에서 대조적이다. 그러나 어쨌든 '집'을 통해 시적 자아가 도달할 수 있는 의식의 극점이 동일함을 보여준 사실은 두 시인의 공통점이라 할 것이다. 박희진과는 현격하게 다른 방향으로 <우적가>를 수용한 박제천. 의식의 향방에 따라 시인의 정서는 얼마든지 넓은 원심력을 보여줄 수 있음을 우리는 새삼 확인하게 된다.

아직도 살아 춤추는 죽비

이제 마무리 해보자. 어쩌면 〈우적가〉의 도적은 인간의 마음을 비유적으로 나타낸 개념일 지도 모른다. 실제 칼을 들고 덤비는 도적이 아니라 수시로 마음을 흔들어 놓는 잡념이라고 보는 게 타당하리라. 사실 모든 사람은 선량하다. 그러나 마음속에 도적이 나타나 소유의 본능적 욕망을 일깨우면 어찌 해 볼 도리 없이 마음은 흔들리게 되고, 불안에 휩싸인다. 그런 점에서 〈우적가〉의 도적은 옛날 선승들의 '오도송(悟道頌)'이나 게문(偈文) 등에 등장하는 '도적 같은 마음' 혹은 '마음의 도적'을 현실 공간에 실현시킨 존재들이다.

물욕의 번뇌를 단진(斷盡)하고 자유의 세계로 들어가는 영재를 멈칫거리게 만든 존재가 바로 그들이다. 사실 기독교의 성자들만 마귀나 사탄으로부터 시험당하는 것은 아니다. 귀족불교가 난숙해진 신라 하대의 경주에서 '편히 살 수 있던' 불승 영재가 지리산으로 들어가겠다고 마음먹은 것은 자신의 본질에 대한 인식과 참회의 결과였다. 그러나 그런 현세적 안락을 단진하려는 순간 마음의 번뇌가 일어나고, 그에 대하여 그는 자신만의 오도송을 부름으로써 그런 유혹의 마음을 다스릴 수 있었던 것이다.

그러니 〈우적가〉가 '대현령에서 도적 만난 노래'로만 한정될 수는 없다. 오히려 마음 한 구석에 똬리를 틀고 있는 물욕의 제지를 받아 깨달음과 지혜로 나아가는 발걸음이 지체되는 모습과 그에 대한 반발을 그려낸 노래로 봄이 타당하다.

단단하면서도 매서운 죽비가 되어 우리의 등짝을 수시로 내려치는 〈우적가〉를 정신보다 물질이 확실한 우위를 점하고 있는 21세기의 초입에서 우리는 새삼스레 만나게 된다. 극락[천국]과 지옥의 갈림길이 가까워졌으니 물욕으로부터 빨리 벗어나라는 잠언을 〈우적가〉에서 발견하게 된다.

제7장

'마음의 붓'이 그려낸 '성-속' 통합의 서정

-〈보현시원가(普賢十願歌)〉의 서원(誓願)과 미학-

종교와 구원, 그리고 <보현시원가>

누군가 마음은 영혼의 씨앗을 심는 밭이라 했다. 질 좋은 거름이 흙밭을 걸게 만들 듯 마음의 밭을 걸게 만드는 비료 또한 분명 있을 것이다. 좋은 부모, 좋은 이웃, 좋은 친구, 좋은 종교 등등 만나는 대상은 다양하겠지만, 그것들 모두는 한 결 같이 좋은 지혜와 생각으로 마음을 걸게 만든다. 인간의 마음을 걸게 만드는 지혜란 자신을 불안에서 구원하고 주변 사람들을 죄의 함정으로부터 구한다. 원래부터 스스로 지혜로운 사람은 있을 수 없다. 대부분 앞 사람들의 지혜를 수용하거나 그런 지혜를 씨앗 삼을 때 비로소 더 큰 지혜를 이루어낼 수 있기 때문이다.

인간이 이룩한 지혜의 원천으로 종교만한 것이 없다. 종교가 가진 힘은 절대적이라 할 만큼 크다. 언제부턴가 예측할 수 없는 내일을 두려워하는 인간은 지혜를 응축·체계화시킨 종교에 자신의 전존재를 의탁하게 되었고, 그런 이유로 인간이 이 땅에서 삶을 지속하는 한 종교는 유지될 것이다.

종교 대신 이성이나 도덕 혹은 합리성을 절대적으로 신봉했던 버트런드 러셀(B.A.W.Russell) 같은 대철학자도 있었지만, 대부분의 평범한 인간들은 본능적으로 절대자에게 의지할 수밖에 없다. 러셀은 철학자의 입장에서 이성의 눈으로 종교가 제시하는 논리나 주장을 치열하게 비판했으나, 그 역시 죽음이라는 불가지적(不可知的) 세계 저 너머로 사라지고 말았다. 그는 자신의 저서 『나는 왜 기독교인이 아닌가』[1]에서 종교가 과연 문명에 공헌했는지, 절대자는 존재하는지 등 종교의 근본 문제에 관하여 따지고 들었지만, 이성 숭배자들의 지적 욕구나 어느 정도 충족시켰을 뿐 고통 속에서 구원을 갈망하는 많은 사람들의 영혼을 구제하는 데는 실패했다.

절대적인 힘에 의지하는 본능은 인간에게 부여된 운명이다. 더욱이 절대자에게 의존하면서도 그것을 단순한 본능으로 생각하고 싶지 않은 것이 인간의 속성이다. 절대자에 대한 의지를 거부하기 위해서는 자신의 이성을 무기로 내세워야 한다. 그러나 그 이성은 언젠가 무디어질 수밖에 없고, 이성이 허물어진 자리에 들어서는 것은 절대자에 대한 본능적 의존뿐이다. 그런 이유로, 종교란 실존적 존재 즉 세상과 대면하면서 생기는 온갖 감정들이 뒤엉킨 존재로서의 인간이 피해갈 수 없는 최후의 안식처인 것이다. 실존적 존재로서의 인간이 운명적으로 지닐 수밖에 없는 종말에 대한 불안이야말로 종

---

1) 송은경 옮김, 사회평론, 2005.

교에 귀의하도록 하는 결정적 동력이다.

실존의 테두리를 벗어난 화자가 등장하여 실존을 넘어서는 과정을 그려냈다는 점에서 <보현시원가>는 행복의 메시지일 수 있다. 부처는 나약한 실존이 기댈 수 있는 존재들 가운데 하나다. 그리고 그가 있기에 행복은 가능하다고들 말한다. 실존적 억압을 탈피하기 위해 내면의 고통을 감내할 필요도 없고, 쉽지 않은 갈등의 극복이나 초월을 위한 모험 또한 필요 없다고 보기 때문이다. 다만 텅 빈 가슴으로 대상인 부처를 받아들이기만 하면 끝이다. 그 부처에게 자신의 소원만 열심히 아뢰면 된다는 것이다.

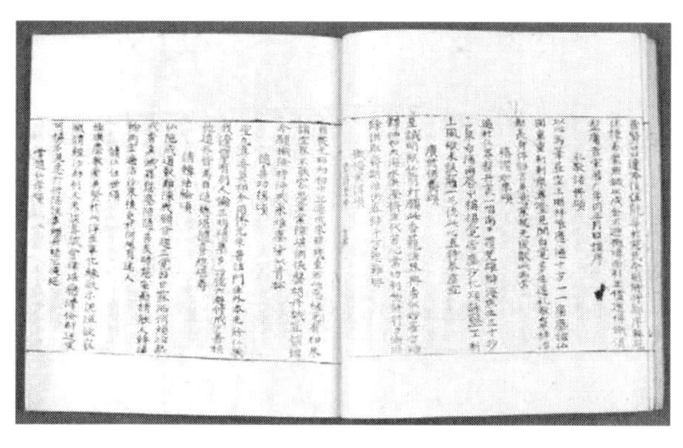

▲균여전(목판본, 장서각 소장본)

사람들이 자기의 노래를 들어준다고 믿는 음유시인들처럼 자족한 표정을 지으며 불렀을 <보현시원가>. 자세히 알 수는 없지만, 멋진 시만큼이나 가락 또한 멋진 노래였으리라. 그 뿐인가. 누구든 입을 벌려 말만 할 줄 알면 따라 부를 수 있었던 대중의 노래였을 것이다. 불교의 오묘한 종지(宗旨)를 단순히 노래로 풀어놓은 것이 <보

현시원가>는 아니다. 당대 민중들이 즐겨 사용하던 비유와 서정적 표현의 진수가 노래의 바탕으로 되어 있는 한, 이 노래를 무조건 '불교노래'라고만 부를 수는 없을 것이다. 비록 불교가 삶의 큰 부분이 되어있던 것이 당대의 현실이었다고는 하지만, 승려가 가는 길과 속한(俗漢)들이 가는 길에 어찌 차이가 없었겠는가. 그런 점에서 <보현시원가>는 삶터의 밑바닥에 우글거리던 거대한 실존적 공동체의 꿈과 현실을 보여주는 노래였다.

균여와 사뇌

예순의 어머니 점명(占命)에게서 태어나 추한 용모 때문에 버림받았으나, 까마귀의 보호를 받는 등 신조(神助)가 있어 다시 부모에게 거두어지기도 할 만큼 태어날 때부터 범상치 않았던 균여대사(923~973)였다. 불행하게도 어릴 적 고아가 된 그는 15세에 출가하여 불교를 배우기 시작했고, 공부를 이룬 후 큰 종맥(宗脈)인 북악(北岳)을 이었으며, 마지막엔 남악과 북악의 종파를 통일하기에 이르렀다.

천지사물의 마음을 움직여 종종 신이한 기적을 행한 그는 노래를 지어 세상을 교화시키는 일에 매진함으로써 중국에까지 그의 고명(高名)은 알려졌다. 그는 사뇌 노래의 창작과 가창에 대단한 실력을 갖고 있었다. <보현시원가>를 사뇌가의 형태로 지은 것도 그 때문이다. <보현시원가> 11수에 붙인 서문을 보면 이 노래가 지닌 깊은 뜻이 분명해진다.

대개 사뇌라 하는 것은 세상 사람들이 놀고 즐기는 데 쓰는 도구요, 원왕이라 하는 것은 보살이 수행하는 데 핵심이 되는 것이다. 그리하여 얕은 데를 지나서야 깊은 곳으로 갈 수 있고, 가까운 데부터 시작해야 먼 곳에 다다를 수가 있는 것이니, 세속의 이치에 기대지 않고는 저열한 근기를 인도할 길이 없고, 비속한 언사에 의지하지 않고는 큰 인연을 드러낼 길이 없다. 이제 쉽게 알 수 있는 비근한 일을 바탕으로 생각하기 어려운 원대한 종지를 깨우치게 하고자 열 가지 큰 서원의 글을 의지하여 열한 마리의 거친 노래의 구를 짓노니 뭇사람의 눈에 보이기는 몹시 부끄러운 일이나 모든 부처님의 마음에는 부합될 것을 바라노라. 비록 지은이의 생각이 잘못 되고 언사가 적당치 않아 성현의 오묘한 뜻에 알맞지 않더라도 서문을 쓰고 시구를 짓는 것은 범속한 사람들의 선한 바탕을 일깨우고자 함이니 비웃으려고 염송하는 자라도 염송하는바 소원의 인연을 맺을 것이며, 훼방하려고 염송하는 자라도 염송하는바 소원의 이익을 얻을 것이니라.

사뇌를 '세상 사람들이 놀고 즐기는데 쓰는 도구'라 한 것을 보면, 그것은 일종의 대중가요이었으리라. 균여대사 스스로 작곡까지 했는지 알 수는 없으되, 그의 전기를 지은 혁련정(赫連挺, ?~432)의 말처럼 균여대사가 사뇌에 익숙했다면, 손수 작사·작곡을 병행했다고 보아야 할 것이다. 그것도 시원찮은 노래가 아니라 대중들로부터 사랑 받을 만한 인기가요의 작사자이자 작곡자였음에 틀림없다. 그런 노래에 불교의 종취(宗趣)를 싣는다면 불교를 널리 퍼뜨리는데 크게 도움이 될 것이라 생각했을 법 하다. 그래서 지은 것이 <보현시원가> 11수였다.

노래 부르는 자들이 노래에 대하여 무슨 생각을 갖고 있건 그들은 이 노래로부터 큰 이익을 얻을 것이라는 자신감을 내보인 것도 노래에 대한 그의 태도를 엿볼 수 있게 한다. 그가 쉽게 부르던 사뇌가에 불교의 어려운 이치를 담고자 한 것은 '세속의 이치에 기대지 않고는 저열한 근기를 인도할 길이 없다'는 깨달음 때문이었다.

대부분 지적으로 낮고 평범한 근기를 지니고 있는 중생들에게 첫판부터 어려운 이치를 설하고자 한다면, 그들은 얼마 안 가 이해하려는 노력을 포기하고 말 것이다. 그래서 늘 입에 달고 다니는 노래에 은연중 진리를 담아 부르도록 하는 것만이 그것을 쉽게 터득하게 하는 방법일 수 있었다. 고승이 높은 법문을 염송하듯 대중들은 높은 법문인 줄도 모르고 노래를 반복하다보면 저절로 그 뜻에 감화되리라는 효과를 노렸던 것이다.

그런 방법으로 보현보살이 선재동자에게 말해 주었다는 열 가지 행원(行願)을 균여는 노래로 바꾸어 불렀다. 그 열 가지는 "모든 부처님을 예배하고 공경하는 것/부처님을 찬탄하는 것/널리 공양하는 것/업장을 참회하는 것/남이 짓는 공덕을 기뻐하는 것/설법하여 주시기를 청하는 것/항상 부처님을 따라 배우는 것/항상 중생을 수순하는 것/지은바 모든 공덕을 널리 회향하는 것" 등이었다.

따지고 보면 이 열 가지만 제대로 행할 수 있어도, 수십 년의 참선이나 독경보다 나을 수 있다. 낮고 열등한 중생의 근기로는 이마저도 행하기가 쉽지 않으니 노래로나 만들 수밖에 없었을 것이다. 허리춤에 차고 다니며 늘 만지작거리는 노리개처럼 툭하면 꺼내 부름으로써 불교의 높은 종취를 생활화하게 하자는 의도였던 것이다.

노래란 무엇인가. 원래 '놀다(遊)'의 어간 '놀'에 접미사 '애'가 붙으면 '놀애' 즉 '노래'가 되고, '이'가 붙으면 '놀이'가 된다. 노래와 놀이의 구분이 모호해지는 지점에 위치하는 것이 바로 사뇌였다. '음

(音)-문(文)-무(舞)'의 결합체인 놀이가 원시 제의(祭儀)에서 향유된 종합예술이라면, 그 경우의 놀이나 노래는 단순히 민중들의 오락수단이기 이전에 신에게 바쳐지던 일종의 간절한 원사(願辭)였다. 놀이나 노래를 통하여 모셔온 신을 즐겁게 해드리고, 그런 헌신을 통해 신으로부터 풍요를 약속받게 되었다고 생각한 것이 민중들의 소박한 믿음이었다. 그런 점을 감안할 때, 사뇌가 지어지고 가창되는 상황에 따라서 '세인희락지구(世人戱樂之具)'의 주체와 객체는 달라질 수 있는 것이다. 즉 신에 대한 경배의 자리에서 희락의 주체는 사람들이고 대상은 신일 것이기 때문이다.

서양 철학에서는 행위양식에 따른 인간의 존재를 '호모 사피엔스(생각하는 사람), 호모 파베르(만드는 사람), 호모 루덴스(놀이하는 사람)' 등으로 나눈다. 그러니 사뇌가를 세상 사람들이 '놀고 즐기는 도구'로 생각한 균여대사는 당대인들이 호모 루덴스적 존재일 뿐 아니라 판넨베르크(Wolfhart Pannenberg)가 말한 제의적 인간(Kultische Mensch)이기도 하다는 사실을 인식하고 있었던 것으로 보아야 하리라.

마음의 붓이 그린 서원의 세계

<예경제불가>는 <보현시원가> 전체 노래들 가운데 서장(序章)이다. 그 노랫말 속의 '마음의 붓'은 내포 혹은 시적 형상화의 측면에서 전체 노래들을 구성하는 시어들 가운데 핵심이다. <보현시원가> 노랫말의 원 텍스트는 말할 것도 없이 『보현행원품』에 나오는 보현

보살의 십대원(十大願)이다. 그러나 그 산문이 시의 형태를 갖추면서 의취(意趣)는 훨씬 간절해졌다. 그렇게 되도록 발원 내용의 정수를 뽑아 서정시의 형태로 만든 것이 균여의 시안(詩眼)이다. 그래서 균여를 선사이기 이전에 시인이요, 선명(善鳴)이라 하는 것일까. <예경제불가>를 보자.

예경제불가

마음의 붓으로
그리옵는 부처 앞에
절하는 몸은
법계(法界) 다하도록 이르거라
진진(塵塵)마다 부처의 절이
찰찰(刹刹)마다 뫼실 바이신
법계 차신 부처
구세(九世) 다아 예(禮)하옵저
아으 신어의업무피염(身語意業無疲厭)
이에 브즐 삼았더라

心未筆留
慕呂白乎隱佛體前衣
拜內乎隱身萬隱
法界毛叱所只至去良
塵塵馬洛佛體叱刹亦
刹刹每如邀里白乎隱
法界滿賜隱佛體
九世盡良禮爲白齊
歎曰 身語意業无疲厭

此良夫作沙毛叱等耶

예경제불송

마음으로 붓을 삼아 부처님을 그리오며
우러러 절하오니 두루 시방세계 비추소서.
티끌마다 하나같이 부처님 나라요
곳곳의 절마다 온갖 부처님 모신 집일세.
보고 들어 과거·현재·미래가 먼 줄 스스로 아오니
영겁으로 긴 시간일망정 어찌 예경함을 사양하리오?
몸과 말과 뜻으로 짓는 선업을
싫은 생각 하나 없이 닦으오리다.

以心爲筆畵空王
瞻拜唯應遍十方
一一塵塵諸佛國
重重刹刹衆尊堂
見聞自覺多生遠
禮敬寧辭浩劫長
身體語言兼意業
總无疲厭此爲常

전자는 향찰로 쓰인 원래 노래, 후자는 한역시다. 전자는 '기-서-결'의 세 부분[마음의 붓~이르거라/진진마다~예하옵저/아으~삼았더라]으로, 후자는 좀 더 확장·구체화되어 '기-승-전-결'의 네 부분[부처님에 대한 경배와 서원/무수한 불국토와 부처님들/예경의 당위성/선업 수행의 결의]으로 나뉜다.

참으로 간결하면서도 간절한 시상의 전개다. 부처에 대한 예경의 마음을 표하는데 군더더기가 없다. 강한 의지만을 표명하고 있을 뿐이다. 그러면서도 교묘한 장치로 서정미학을 표출했다. 그 핵심이 바로 '마음의 붓(心筆)'이다. 부처에 대한 경배와 서원을 행하는 주체는 '나'이되, 그 예경의 도구는 '마음의 붓'이었던 것이다.

향찰로 기록된 전자에서는 '심미필류(心未筆留)'라 했고, 역시(譯詩)인 후자에서는 '이심위필(以心爲筆)'이라 했다. 전자는 '마음의 붓으로'로 해석되나 후자는 '마음으로 붓을 삼아'로 번역된다. 대충 보면 양자는 같은 표현이나 세밀히 보면 뉘앙스가 다르다. 아예 마음 자체를 붓으로 생각했다는 점에서 전자는 후자보다 좀 더 표현의 강도가 세다. 이에 비해 전자를 산문 식으로 부연한 것이 후자라고나 할까.

그렇다면 이 노래의 내용적 근원인 '예경제불원(禮敬諸佛願)'은 어떤가.

> 선남자여, 모든 부처님께 예경한다는 것은 있는바 온 법계 허공계 시방삼세 일체 불찰 극미진수 제불 세존을 내가 보현행원력을 가진 까닭에 깊은 마음으로 믿고 이해하여 마치 목전에서 대하듯이 모두 청정한 신업(身業)·어업(語業)·의업(意業)으로 항상 예경하되, 하나하나의 부처님 처소에 모두 불가설(不可說) 불가설(不可說) 불찰(佛刹) 극미진수(極微塵數)의 몸을 나타내고, 하나하나의 몸으로 불가설 불가설 불찰 극미진수의 부처님께 두루 예경하는 것이니, 허공계가 다하면 나의 예경도 이에 다하겠지만 허공계가 다할 수 없는 까닭에 나의 이 예경도 다함이 없도다. 이와 같이 중생계가 다하고 중생의 업이 다하고 중생의 번뇌가 다하면 나의 예경도 이에 다하겠지만, 그러나 중생계 내지 번뇌가 다함이 없는 까닭에 나의 이 예경도 끝내 다함이 없으며 시시각각

서로 이어 끊어짐이 없고 신업·어업·의업에 피로해 하거나 싫어함이 없도다

<예경제불가>의 '승·전·결구'는 '예경제불원'을 충실히 압축한 부분이다. 그러나 기구(起句)만큼은 온전히 균여의 시적 감수성에 의한 창안이다. 그 가운데서도 '마음의 붓'은 <보현시원가> 전체의 내용적·서정적 핵이다. 만약 이 말이 없었다면, <예경제불가>는 물론이려니와 <보현시원가> 전체는 생동감을 잃었을 것이다. 그런 점에서 균여가 이 말을 고안한 일이야말로 화룡점정(畵龍點睛)에 비견되는 일이 아닐 수 없다. 이 말이 노래 전체에 생명을 불어 넣고 있기 때문이다.

더욱 교묘한 것은 '마음의 붓으로 그린다'는 표현이다. 그것은 표면상 '종이 위에 붓으로 그린다'는 뜻이다. 그러나 이면적으로 그것은 '그리다(思慕)'는 뜻이다. 전자는 그 부분을 '모려백호은(慕呂白乎隱)'으로 기사(記寫)했다. 단순히 'painting'의 의미만을 드러내려 했다면 '모려(慕呂)'라는 글자들을 쓰지는 않았을 것이다. 오히려 '화려(畵呂)'로 기사하는 것이 훨씬 직접적이고 타당함에도 불구하고 '모(慕)'를 쓴 것은 균여의 시적 의도가 단순히 '그려내는데' 있지 않았기 때문이다. 이 부분이 분명 중의적 표현인 이유는 바로 여기에 있다.

주지하다시피 불교에서 가장 중시하는 것이 마음이다. 『80 화엄경』 「보살설게품(菩薩說偈品)」에 나오는 '일체유심조(一切唯心造)'는 사실 불교의 핵심적 관점들 가운데 하나다. 일체의 제법(諸法)은 그것을 인식하는 마음으로부터 구현되는 것이고, 모든 존재의 본체야말로 마음이 지어내는 것일 뿐이라는 말이다. 사람에게는 육안(肉眼)

과 심안(心眼)이 있다. 근기(根基)가 저급한 속한들은 육안에만 의존한다. 그러나 세상의 물상들이나 변화를 육안만으로 인식할 수는 없다. 보이지 않는 것들이 훨씬 더 크고 무거우며 의미심장함을 우리는 심안을 통해 깨닫게 된다.

심안은 육안으로 보지 못하는 심령의 세계를 포착한다. 우리는 흔히 육안을 잃은 사람을 '맹인(盲人)'이라 부르지만, 실제 육안은 살아 있으되 심안이 죽어있는 사람들이 세상엔 많다. 그런 점에서 심안을 잃은 사람을 '영혼의 맹인'이라 불러 마땅할 것이다. '관(觀)' 혹은 '관법(觀法)'을 강조하는 불교적 인식법에서 강조하는 '마음'이란 바로 '심안'이다.

부처의 지혜인 반야(般若)를 얻고자 행하는 것이 관법의 수행이다. 반야바라밀다(般若波羅蜜多)는 인간이 진실한 생명을 깨달을 때 나타나는 근원적 지혜라는 점에서 완전성을 갖춘 최고의 지혜다. 그런 반야바라밀다에 도달하는 지름길이 바로 관법을 터득하는 일이다. 관(觀)이란 망혹(妄惑)을 관찰하고 진리를 달관(達觀)하는 관문이다. 다시 말하면 마음으로 진리를 관념하는 것, 즉 관심(觀心)이 바로 그것이다. 관법 혹은 관심을 통해 심(心)·수(受)·신(身) 이외의 모든 법이 무아(無我)임을 깨닫고 전도상(顚倒想)을 없애야 한다는 것이 불교의 관점이다.

대중들에게 '마음으로 부처를 그려보라'고 권한 것이 <예경제불가>에서 드러낸 균여의 의도였다. 부처를 그리워하는데 그치지 말고 마음으로 부처의 모습을 그려내는 경지에까지 올라가야 한다는 게 균여의 생각이었던 것이다.

<예경제불가>에서 균여가 빼어든 무기는 '마음의 붓'이었고, 그것

으로 나머지 부분들에서도 부처의 공덕을 그리고자 했다. 그 마음의 붓이 <칭찬여래가>에서는 '사뢴 혀'와 '무진 변재(辯才)의 바다'로 바뀌었다. 그러나 무슨 말로 여래의 덕을 칭송하건 그 한 터럭(一毛)만큼도 그려내지 못한다고 했다. '끝내 한 터럭만큼의 덕을 말하지 못한대도/이 마음은 오직 허공계 끝까지 다하기를 원한다'는 것이 그 말의 진의일 것이다. 말의 한계를 깨닫고 나서야 비로소 마음의 지향에 맡기겠다는 것이다. 그러니 '마음의 붓'이 '말의 바다'보다 우위에 있음을 인정한 것이나 아닐까.

그런 시상은 <광수공양가>에도 마찬가지로 나타난다. '등의 심지는 수미산이요/등의 기름은 큰 바다를 이루었다'고 공양의 무궁함을 노래했다. 그러나 중생을 건지고 그 괴로움을 대신할수록 이 '마음'은 매양 간절해지고, 만물을 이롭게 하고 수행을 닦을수록 나의 '힘'은 점점 불어간다고 했다. 여기서 '마음'은 더 말할 필요 없이 <예경제불가>의 '마음'과 같은 것이고, '힘' 또한 앞서 말한 '관법'이나 '관심'으로부터 나온 힘임에는 의심의 여지가 없다.

더욱이 '아으 법공양이사 많으나/저를 체득함이 가장 좋은 공양'이라는 마지막 부분은 결국 '마음'으로 귀결되는 내용이다. 그것은 한역시에서 보듯이 '나머지 공양이 요 법공양(法供養)에 맞서려 하고/천만가지 다 대어도 이길 것은 없다'는 말일 것이고, 이 표현의 진의는 향과 기름의 공양이 법계에서도 피어올라야 한다는 데 있을 것이다. 다시 말하여 중생을 건지거나 그들의 괴로움을 대신하며 만물을 이롭게 하고 수행을 닦음으로써 간절해지는 마음과 불어나는 힘을 능가하는 것은 없다는 믿음이라고나 할까.

부처에 대한 보현보살의 10가지 대원은 균여에게 수용되어 '마음의 붓'이라는 멋진 도구를 만들게 했고, 일체를 관장하는 주재자(主宰者)로서의 그 '마음'은 첫머리의 <예경제불가>에 이어 마지막 노래인 <총결무진가>에도 등장하여 <보현시원가> 전체의 시의(詩意)를 완성한다.

총결무진가

생계(生界) 마치거든
나의 소원 다할 날도 있으리라
중생을 깨움이
갓 모를 원해(願海)이고
이다이 나아가 이라 녀곤
향하는 대로 선(善)길이여
이바 보현행원(普賢行願)
또 부처의 일이더라
아으 보현의 마음 알아서
이리 하고 다른 일 버릴진저

生界盡尸等隱
吾衣願盡尸日置仁伊而也
衆生邊衣于音毛
際毛冬留願海伊過
此如趣可伊羅行根
向乎仁所留善陵道也
伊波普賢行願
又都佛體叱事伊置耶
阿耶 普賢叱心音阿于波
伊留叱餘音良他事捨齊

총결무진송

중생계가 다함으로 기약을 삼건마는
생계(生界) 다함없으니 내 뜻 어이 변하리?
스승의 마음은 길 잃은 제자의 꿈을 깨우치는데 있거니
법의 노래로 원왕(願王)의 시를 대신할 수 있으리.
미망(迷妄)의 경계를 떠나려 하면 모름지기 이를 외워야 하고
참된 근원으로 돌아가려 하면 싫어하는 마음 없어야 하리!
한 마음으로 쉼 없이 외운다면
보현의 자비를 따라 배울 수 있으리.

盡衆生界以爲期
生界无窮志豈移
師意要驚俗子夢
法歌能代願王詞
將除妄境須吟誦
欲返眞願莫厭疲
相續一心无間斷
大堪隨學普賢慈

<총결무진가>는 보현보살의 10대원을 총괄한 내용을 바탕으로 만든 노래다. 구체성의 면에서 전자와 후자는 차이를 보이지만, '마음'이 핵심을 이룬다는 점은 공통이다. 전자의 보현행원은 후자에서 언급된 '원왕의 시'나 '미망의 경계를 떠남'으로 구체화 되는 내용이고, 전자에서 언급된 '보현의 마음'은 후자에서 언급된 '보현의 자비'와 같은 말이다.

첫 노래 <예경제불가>에서 균여는 '마음의 붓'을 제시했고, 마지

막 노래인 <총결무진가>에서는 '보현의 마음'을 제시했다. 이처럼 부처에 대한 서원의 수단으로 '마음'을 끌어온 것은 불제자로서 당연한 일이었지만, 그것은 단순히 불교 이념의 표출이나 구현에 봉사하지 않고 시적 형상화라는 미적 귀결을 도출하기 위한 단서로 사용되었다.

보현보살이 부처에게 마음으로 서원하고 갈구하는 것은 불쌍한 중생에 대한 자비다. 그 마음은 불교적 서원의 골격이자 이 노래의 뼈대를 구성하는 서정의 근원을 이루기도 한다. <보현시원가>가 단순히 포교를 위한 언술이나 담론에 그칠 수 없다고 보는 것도 그 때문이다. 시적 형상화의 단계를 한 번 더 거침으로써 보현보살의 행원은 더욱더 세련된 미적 구조물로 승화될 수 있었던 것이다.

일상적 세계와 불교적 이상, 양자의 통합과 대중미학의 수립

<보현시원가>가 만들어지자 사람들은 다투어 베끼고 노래 불렀다 한다. 심지어 담벼락에 쓰이기도 했다니 그 노래가 당대인들에게 얼마나 인기가 높았는지 알 수 있다. 균여대사는 삼년간 고질병을 앓고 있던 사평군의 급간 나필(那必)이란 자를 찾아가 이 노래를 직접 구술해주고 항시 읽도록 권했다. 그렇게 하고 난 어느 날 나필은 공중으로부터 "그대는 큰 성인의 노래에 힘입어 병이 반드시 나으리라"는 소리를 들었고, 그로부터 병은 깨끗이 나았다 한다.

예로부터 노래와 춤으로 병을 고쳤다는 고사는 비일비재하다. 음

강씨(陰康氏) 시절의 한 백성이 가무를 배워 각기병을 고쳤다거나 병에 걸려 위독하던 당나라 무종(武宗)이 맹재인의 하만자(何滿子) 한 곡을 듣고 이적을 경험했다는 고사는 물론 천지와 귀신을 감동시킨 향가가 많았다는 『삼국유사』의 기록 등을 감안한다면, 가무와 관련하여 지극한 경지가 언급된 경우는 적지 않다.

'상구보리(上求菩提) 하화중생(下化衆生)하여 이 땅을 불국토로 만드는 것'이 불교의 이상이다. 즉 '구함[求]'과 '베풂[化]'이 불교적 이상을 실현하는 행동의 두 축인 것이다. 그렇다면 구한다는 건 과연 무엇이며 구하는 대상은 과연 누구일까. '보현보살이 부처에게 10대 서원(誓願)을 발했다'는 명제에 이 의문의 해답은 들어있다.

보현보살은 중생을 대신하여 '모든 부처님을 예배하고 공경하는 것, 부처님을 찬탄하는 것, 널리 공양하는 것, 업장을 참회하는 것, 남이 짓는 공덕을 기뻐하는 것, 설법하여주기를 청하는 것, 부처께서 이 세상에 오래 머물러 계시기를 청하는 것, 항상 부처를 따라 배우는 것, 항상 중생을 수순하는 것, 지은바 공덕을 널리 회향하는 것' 등을 한없이 높은 부처에게 구했다. 아무리 근기(根基)가 저열한 중생이라도 노력만 한다면, 이들 행원(行願)의 모든 핵심 행동양식들을 속세에서 행할 수 있다. 다만 아집(我執)과 자만, 무명(無明)과 어리석음이 지혜를 가린 까닭에 그러한 불교적 이상을 실현할 수 없을 뿐이다.

보현보살의 행원으로 이루어진 <보현시원가>를 가창하거나 음송(吟誦)함으로써 중생들이 살아가고 있는 일상적 세계의 질서와 불교적 이상은 통합될 수 있고, 그런 통합을 바탕으로 대중 불교의 미학은 구현될 수 있는 것이다.

'세상 사람들이 놀고 즐기는 데 쓰는 도구'라고 서문에서 균여대사 스스로 사뇌의 의미를 규정함으로써 중생들의 일상적 세계가 '성(聖)'의 차원인 불교적 이상에 통합되어야 할 대상임을 암시한 셈이다. 이에 따라 '성-속'의 통합에 바탕을 둔 <보현시원가>의 대중미학은 비로소 구현될 수 있었고, 그 서정적 단서가 바로 '마음의 붓'에 들어 있다. 그런 점에서 <보현시원가>는 지극한 법문이자 세련된 서정노래일 수 있는 것이다.

제8장

찰나와 영원의 경계, 그 깨달음의 미학

-나옹화상의 시가와 구원의 메시지-

인간의 실존적 고뇌를 어찌 할 것인가

타인과의 관계를 전제로 자신을 인식하는 존재라는 점에서, 인간은 사회적 동물이다. 하이데거(M. Heidegger)는 '세계에 던져진 현존재'로서 자신을 개인적 주체로 발견하는 존재가 바로 인간이라고 했다.1) 이처럼 남과의 관계에서 자신을 인식하는 것이 인간이긴 하나, 남과 구별되는 개별자로서의 '나'는 분명 유일한 존재다. 말하자면 '본래의 자기', 즉 실존적 존재가 인간이기 때문이다. 실존이 본질보다 앞선다고 보는 관점도 이런 입장에서 나왔을 것이다.

현세에서 쉽사리 벗어날 수 없는, 인간의 실존적 고뇌란 무엇인가. 바로 생로병사의 짐이다. 태어나고 죽는 일, 그 가운데 죽음은 인간이 전존재를 투사하여 알아내고자 해도 결코 만만하게 해답이 손에

1) M. Heidegger, 이기상 역, 『존재와 시간』, 까치, 1998, 396~401쪽.

잡히지 않는 문제다. 태어나 살다가 죽음에 이르는 과정을 한 인간의 일생이라 한다면, 죽음은 액면 그대로 종말이다. 존재의 무화(無化)가 죽음이기 때문에, 실존의 범주로부터 한 발짝도 벗어나지 못하는 인간에게 죽음이란 무시무시한 형벌로 인식될 수밖에 없다. 죽음으로 모든 것이 끝난다는 생각, 죽음 이후의 단계에 대한 무지 등은 인간을 벗어나기 어려운 절망감으로 몰아넣는다.

허무감을 포함한 그 절망감은 인간의 실존적 고뇌를 더욱더 심화시킨다. 그 지점에서 인간은 종교를 만난다. 그러나 종교에 귀의한다고 하여 인간의 실존적 고뇌가 사라지는 것은 아니다. 죽음에 대한 두려움이나 괴로움은 신앙의 강도(強度)에 단순히 반비례할 뿐이고, 깨달음의 단계에 이르러서야 인간은 어느 정도 실존적 고뇌를 극복할 수 있게 된다.

종교가 죽음으로부터 인간을 구원한다고 하지만, 그 구원의 정도는 깨달음의 진정성이나 강도에 달린 문제일 뿐이다. 그럴 경우 깨달음이란 무엇인가. 실존적 공간인 현실로부터 존재의 사라짐이 우주적 차원에서 그다지 엄청난 일은 아니라는 점, 존재의 사라짐이 종말이긴 하지만 어쩌면 액면 그대로의 종말이 아닐 수도 있다는 점 등을 흔들림 없이 받아들이는 것이 종교적 깨달음이다. 물론 그 깨달음은 죽음이 아니라 '죽음의 두려움'으로부터 인간을 구원하는 기제(機制)로 작용한다.

'인간은 고독이 두려워 사회를 만들었고, 죽음이 두려워 종교를 만들었다'는 스펜서(Herbert Spencer)의 말처럼 인간이 종교에 상정한 가장 직접적이고 강렬한 투쟁의 대상은 죽음이다. 죽음의 두려움을 해소할 수 있는 장치가 종교 속에 내재해 있다면, 그것은 '삶과 죽음의 하찮음'을 깨우치는 일 그 자체일 것이다. 말하자면 실존적 고뇌로부터의 초탈만이 깨달음의 대전제일 수 있다. 존재의 육신을 굴러다니는 돌이나 나무 조각 등과 동일시할 수 있는 경지에 올라야 비로소 그 깨달음은 인간 실존으로 하여금 현실적 얽매임에서 초탈하게 만들 수 있는 것이다.

대부분의 범부들은 실존적 고뇌의 억압으로부터 자유롭지 못하다. 탁월한 근기의 존재들만이 실존적 고뇌와 맞서 싸울 수 있는 것이다. 맞서 싸운다고 모두 승리하는 것은 아니지만, 싸우는 자만이 어떤 형태로든 깨달음을 얻을 수 있게 된다. 그 깨달음이란 실존적 고뇌에 대한 처절한 투쟁과 성찰의 결과다.

『아함경』의 65[『관찰경(觀察經)』]는 '관찰'의 중요성을 설한 내용이다. '항상 방편을 써서 선정을 닦아 익혀 안으로 그 마음을 고요히 하면 참답게 관찰할 수 있'는데, 제대로 관찰하지 못하므로 느낌을 즐겨 하고 집착한다고 했다. 집착을 인연하여 '존재'가 있고, 존재를 인연하여 태어남이 있으며, 생을 인연하여 늙음과 앓음, 죽음과 걱정, 슬픔과 번민, 괴로움 등이 생겨난다는 것이다. 그 모두가 실존적 고뇌들이다. 비구가 선정에 들어 안으로 그 마음을 고요히 하면서 꾸준히 힘쓰고 방편을 쓰면 참답게 관찰할 수 있다고 했다. 여기서 '참다운 관찰'이란 깨달음의 전제조건이다. 실존적 고뇌에 대한 참다운 관찰을 통해 깨달음을 얻은 자만이 깨닫지 못한 무명(無明) 속의 대중을 이끌 자격이 있는 것이다. 그런 점에서, 선을 통해 노래를 통해 대중을 구제하려 애쓴 나옹화상(懶翁和尙, 1320~1376)이야말로 시대를 뛰어넘은 불교계의 진정한 지도자라고 할 수 있다.

나옹, 진여자성(眞如自性)을 깨닫다

나옹화상의 깨달음 역시 실존적 고뇌로부터 출발했다. 채 피어나지도 않은 21살에 이웃 친구의 죽음을 보았고, 그 사건을 계기로 출가를 결행한 그였다. 사고(四苦)의 현장을 목격한 후 출가를 결행한 싯다르타와 같은 행적을 보여준 것이다. 출가하여 묘적암의 요연선사(了然禪師)로부터 게(偈)를 받고 여러 사찰을 순력하며 정진하다가 결국 원나라에 들어간 나옹화상은 지공화상(指空和尙)·평산처림(平山處林)·천암원장(千巖元長)·요당화상(了堂和尙)·박암화상(泊菴和尙) 등을 차례로 만나 도의 경지를 높였다. 그러나 그에게 결정적으로 영향을 끼친 스승은 지공화상과 평산처림이었는데, 훗날 회암사(檜巖寺)에 지공의 유골과 사리를 모신 것도 그 인연 때문이었다.

평산으로부터 임제선(臨濟禪)을 심수(心受)한 그가 주력한 것은 간화선(看話禪)이었다. 즉 옛 선사들의 공안(公案)을 참구(參究)하여 깨달음의 경지에 들어가는 참선법이 바로 그것이다. 임제종은 조계(曹溪)의 6조 혜능(慧能)으로부터 남악(南嶽)·마조(馬祖)·백장(百丈)·황벽(黃檗) 등을 거쳐 임제 의현(義玄)에 이르러 확립되었다. 원래 우리나라의 선풍은 임제종풍이었는데, 태고화상 보우(普愚)와 나옹 이후에 그것은 더욱 확고해졌다.

그렇다면 과연 나옹은 무엇을 깨달았으며, 대중들에게 무엇을 깨우치고자 했을까. 무엇보다 그가 갖고 있던 의문의 핵심은 '나란 무엇인가'에 있었다. 그는 젊은 시절에 친구의 죽음을 보며 실존적 고뇌를 느꼈을 것이고, 인간의 본질적인 면에 대한 탐구의 욕망 또한 갖게 되었을 것이다. 다음 시문은 깨치기 전의 나옹이 지은 게송이다.

선불장(選佛場) 안에 앉아
정신 차리고 자세히 보라
보고 듣는 것 다른 물건 아니요
원래 그것은 옛 주인이다 <김달진 역>

選佛場中坐
惺惺着眼看
見聞非他物
元是舊主人

나옹이 스승 요연을 하직하고 여러 절들을 배회하다가 회암사에 와서 대중들에게 내렸다는 게송이 바로 이것이다. 출가한 후 보고 듣고 참구한 그것이 출가하기 이전의 그것과 다르지 않다는 사실, 선방에 앉아 참되게 관찰한 결과 그 모든 것들이 나이며 내가 곧 내 주인이라는 사실 등을 강조한 내용이다. 나옹은 이 게송을 내린 뒤 4년을 부지런히 수도하다가 홀연히 도를 깨쳤고, 그 길로 중국에 가서 여러 스승들을 찾아 더 높은 도를 구했다.

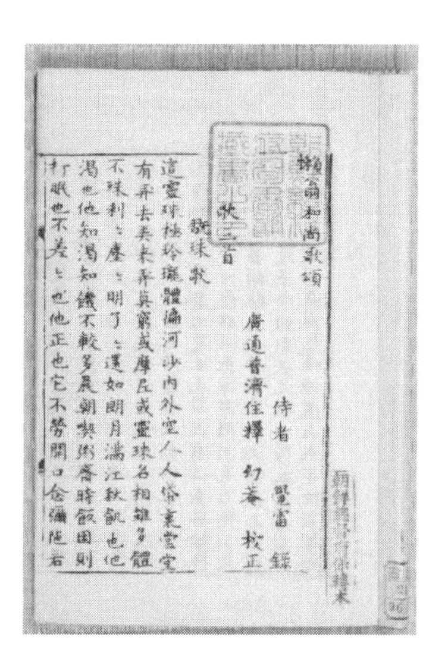
懶翁和尙歌頌
侍者 覺雷 錄
廣通普濟住持 幻菴 校正
歌三首
翫珠歌
這靈珠極玲瓏體遍河沙內外空人人帒裏堂堂
有弄去弄來弄與窮或摩尼或靈珠名相雖多體
不殊刹刹塵塵明了了還如朗月滿江秋飢也他
渴也他知渴知饑不較多晨朝喫粥齋時飯困則
打眠也不差差也他正也它不勞開口念彌陀右

▲『나옹화상 가송집』〈완주가〉 부분(국립중앙도서관 소장본)

그는 원나라에서 각처를 떠돌다가 스승 지공을 만났으며, 그에게서 임제선을 받았다. 그 스승에게 올린 깨달음의 게송은 다음과 같다.

산과 물과 대지는 눈앞의 꽃이요
삼라만상도 또한 그러하도다
자성(自性)은 원래 청정한 줄 비로소 알았나니
티끌마다 세계마다가 다 법왕신(法王身)이네 <김달진 역>

山河大地眼前花
萬像森羅亦復然
自性方知元淸淨
塵塵剎剎法王身

비로소 그는 깨달음의 경지를 노래할 수 있었다. 눈에 보이는 객관세계는 이미 존재하고 있으나, 본래 주관적 의식 즉 자성으로 관조하니 온갖 삼라만상이 청정한 법신임을 깨닫게 되었다는 것이다. 앞의 게송에서 강조되던 '나'는 대상을 만나면서 대상에 내재된 본래의 면목을 발견하게 되었다는, 깨달음의 기쁨을 노래하고 있는 것이다.

이런 단계를 넘어서면서 깨닫기 이전과 깨달은 이후의 경지가 비로소 합일을 보게 된다는 내용이 지공에게 올린 다음의 게송에 나타난다.

모르면 산이나 강이 경계가 되고
깨치면 티끌마다 바로 온몸이네
모름과 깨침을 모두 다 쳐부쉈나니
닭은 아침마다 오경(五更)을 향해 우네 <김달진 역>

迷則山河爲所境
悟來塵塵是全身
迷悟兩頭俱打了
朝朝鷄向五更啼

미(迷)와 오(悟)의 다름과 양자의 통합을 노래함으로써 '깨닫지 못함' 뿐 아니라 '깨달음' 자체도 뛰어넘는 경지로 나아갈 것을 강조하고 있는 것이 이 노래의 내용적 핵심이다. 깨달으면 온 세상만물에 자아의 본래면목 혹은 본지풍광(本地風光)이 그대로 현출(現出)한다는 말이다. 그러나 그것만으로 그친다면, '깨치지 못함'과 '깨침'은 분리된 채 모순의 평행선을 그을 수밖에 없다. 따라서 양자는 '쳐부숨'을 통해 하나로 통합되어야 한다는 뜻이 3행에 나타나 있고, 그러한 통합을 이루었다는 사실이 이 부분에서 강조되고 있는 것이다. '닭이 아침마다 오경을 향해 우는' 일이야말로 '불립문자(不立文字)'의 경지이며, 피-아의 구분이 허물어진 합일의 세계를 감각적으로 보여준 표현이라 할 수 있다.

이 노래에 이어 '나도 아침마다 징소리를 듣는다'고 대답한 지공의 말은 피-아의 구분을 허문 경지, 아니 오히려 '피-아의 구분을 허문' 일 자체도 뛰어넘는 경지를 노래한 것이나 아닐까.

그 뒤에도 나옹은 각지의 스승들을 찾아다니며 자신의 도력을 높이는데 진력함으로써 우리나라 선맥의 큰 봉우리를 이룰 수 있었다. 그러나 자신의 성도(成道)에만 주력할 수 없었던 것은 주변에 널린 불쌍한 중생들 때문이었다. 말하자면 나옹화상은 두 번의 깨달음을 얻은 셈인데, 진여자성(眞如自性)의 깨달음이 그 첫 번째이고, 자성의 깨달음을 얻지 못해 고뇌의 바다에서 헤매는 중생들의 실존에 대한 깨달음이 그 두 번째 것이다.

고해의 중생들을 노래로 인도하다

작자 문제로 학자들 간에 견해의 차이를 보이긴 하나, 나옹은 <서왕가(西往歌)>·<낙도가(樂道歌)>·<승원가(僧元歌)>·<참선곡(參禪曲)> 등 네 편의 가사를 지은 것으로 되어 있다. 이 작품들은 수도자의 신앙고백이자 무명에 갇혀있는 고해 중생들을 권면하여 깨달음의 세계로 인도하려는 선지식(善知識)의 호소라 할 수 있다.

일찍이 나옹은 방황과 수행, 참선을 통해 진여자성을 깨달았다. 그런데 『법화문구 4』에서는 '보리(菩提)의 도를 유익하게 하는 사람'을 선지식이라 했다. 보리를 추구하는 대중들에게 부처 말씀의 진리를 설하여 올바른 깨달음의 길로 들어서게 하는 것. 나옹의 뜻도 바로 거기에 있었다. 근기가 높은 대상만이 터득할 수 있는 선문답보다 일상적인 말 문학으로서의 가사가 대중의 근기에 맞는다고 판단한 것이 나옹이었다. 그것은 고해 중생들에 대한 사랑의 발로였다.

그가 활약하던 당시의 고려는 내우외환으로 깊이 병들어가고 있는 중이었다. 밖으로는 홍건적과 왜구들이 수시로 침입하고, 안으로는 원나라 지배하의 권문세족들이 종교와 결탁하여 국가의 부와 권력을 독점함으로써 백성들은 도탄에 빠져 있었다. 신흥 사대부 계층이 등장하여 불교 이념의 대안을 모색하고 있는 현실도 위기의식을 부채질했을 것이다. 그러나 무엇보다 불교계의 선봉에 선 지도자 나옹은 사면초가에 빠진 불쌍한 백성들의 현실을 외면할 수 없었다. 예로부터 불교계에는 참선을 통해 깨달음을 얻는 것으로 자족하는 인사들이 많았다. 이기적이고 소승적인 구도행각의 전형이 바로 그것이다. 그러나 자신보다 대중을 먼저 구제하는 것이 귀하다고 믿고 실천함으로써 깨달음을 완성시킨 경우도 드물지 않았다. 나옹도 그런 범주에 속한다.

그는 중생들에게 '열심히 도를 닦아 서방정토로 가자'고 권면했다. 그 권유의 말이 가사형태의 결구로서 <서왕가>가 된 것이다. 내용상 이 노래는 여섯 부분으로 나뉜다. ①'나도 이럴망정~죽은 후에 속절없다', ②'적은 덧 생각하야~삼계바다 건네리라', ③'염불중생 실어두고~지옥은 갓갑도쇠', ④'이 보시소 어로신네~어느 날에 그칠손고', ⑤'적은 덧 생각하야~염불소리 요요하외', ⑥'어와 슬프다~나무아미타불' 등이 그것이다.

①은 서사요, ⑥은 결사이며, ②~⑤는 본사다. ①은 죽음에 의해 허무해지는 인간 존재의 유한한 본질을 제시한 부분이다. 그러한 인생무상을 극복하기 위해 감행한 출가수행의 큰 뜻을 밝힌 것이 ②이며, 세속적 욕망과 그에 대한 집착이 얼마나 부질없는 일인지를 밝힌 것이 ③이다. ④에서는 염불공덕의 위대함을, ⑤에서는 염불공덕을 통해 들어갈 수 있는 극락세계의 장엄한 아름다움을 각각 노래했으며, 염불을 적극 권유한 것이 마지막 부분이다.

사실 <서왕가>는 인생의 허망함을 깨닫고 구도에 나선 나옹 자신의 일생을 바탕으로 만들었다고 할 수 있다. 나옹은 어린 나이에 친구의 죽음을 보며 인생의 무상을 절감했다. 출가하여 공덕산 묘적암의 요연선사를 찾아간 것도 그 때문이었다. 이 내용이 바로 서사인 ①이다.

나도 이럴망정	세상에 인자(人子)러니
무상을 생각하니	다 거즛 것이로세
부모의 끼친 얼굴	죽은 후에 속절없다

나옹의 속명은 아원혜(牙元惠), 선관서령(善官署令) 벼슬을 지낸 서구(瑞具)의 아들이었다. 부친의 벼슬이 현직은 아니었으나 세속적인 삶에 그다지 각박할 정도는 아니었을 것이다. 그보다는 오히려 절친하던 친구의 죽음이 그로 하여금 인생의 무상을 절감하게 했다고 보아야 한다. 부모가 남겨 준 자신의 얼굴도 죽음을 피해갈 수 없고, 시간의 흐름에 따라 변할 수밖에 없는 '살아있는 것들'의 운명적 법칙을 깨달은 것이 바로 이 부분의 주된 내용이다.

출가 후 나옹은 전국의 유명한 사찰들을 돌아다니며 수도에 전념하다가 1344년 양주의 회암사에서 크게 깨달았다. 그로부터 3년 뒤 원나라에 가서 지공을 만나 4년간 법을 배웠으며, 휴휴암(休休庵)에서 정진했고, 다시 자선사의 처림을 찾아 도를 닦았다. 그 후 육왕사에서 고목영(枯木榮)을 만나 불법을 논한 다음 복룡산의 천암장(千巖長)을 찾았다. 그 즈음 원나라 순제는 그를 연경 광제선사(廣濟禪寺)의 주지로 임명하고 금란가사를 보내주었다.

광제선사의 주지를 내놓은 그는 다시 지공을 찾았다가 1358년(공민왕 7)에 귀국하여, 오대산 상두암에 자리를 잡았다. 그 뒤 공민왕의 종용으로 신광사에 거주했고, 승과의 시관이 된 후 1361년부터 각지를 순력한 뒤 출가 후 처음으로 깨달음을 얻은 회암사의 주지

▲송광사 대웅전(전남 순천시 송광면 신평리 조계산)

가 되었다. 왕사로 봉해진 뒤 송광사에 거주하다가 다시 회암사의 주지가 되었고, 절을 중수했으며, 문수회(文殊會)를 통해 법명을 내외에 크게 떨쳤다.

대충 살펴본 그의 구도 행은 아무나 쉽게 따라갈 수 없을 만큼 종횡무진이었다. 특히 원나라에서 만난 지공과 처림은 그로 하여금 수행의 방향을 제시해 주었다는 점에서 큰 의미를 갖는 인물들이었다. 그들은 그에게 임제선을 전수함으로써 우리나라 불교계의 선맥을 형성한 계기로 작용했기 때문이다.

수도를 위한 그의 방황이나 순력은 <서왕가>의 둘째 부분(②)에 그대로 나타난다.

적은 덧 생각하야　　세사를 후리치고
부모께 하직하고　　단표자 일납의로

청려장을 빗기 들고	명산을 차자들어
선지식을 친견하야	이 마음을 밝히리라
천경만론을 낫낫치 추심하야	육적을 잡으리라
허공마를 빗기 타고	마야검을 손에 들고
오온산 들어가니	제산은 첩첩하고
사상산이 더욱 높다	육근문두에 자취 없는 도적은
나며 들며 하는 중에	번뇌심을 베쳐놓고
지혜로 배를 무어	삼계바다 건너리라

'선지식을 친견하여 마음을 밝히는 일', '번뇌를 없애고 지혜로 배를 무어 삼계바다 건너는 일' 등이 이 부분(②) 내용의 골자이자 화자의 핵심적 의도다. 세속적 욕망에 비례하여 인생의 무상감도 늘어나기 때문에, 수도자들은 우선 그 욕망을 단진(斷盡)하고자 했다. 그러나 욕망의 단진이 말처럼 쉽지 않았으므로, 그 지혜를 찾아 많은 시간과 공력을 소비할 수밖에 없었던 것이다. 나옹이 선지식을 친견하고자 우리나라와 원나라의 많은 사찰들을 순력했고, 법력이 높은 고승들을 찾아다닌 것도 바로 그 때문이었다. 그의 목표, 즉 '번뇌를 없애고 지혜로 배를 무어 삼계바다 건너는 일'은 수행자들 모두가 염원하는 바였다.

그렇다면 '삼계바다를 건넌다'는 것은 무엇인가. 욕심이 극성을 부리는 욕계(欲界)와 욕심이 없어진 색계(色界)를 건너 영적인 정신세계인 무색계(無色界)로 나아가겠다는 것이다. 나옹이 많은 선지식들을 만나며 경험한 깨달음의 순간들이야말로 '삼계바다'를 건너가는 순간들의 현현(顯現)이었던 것이다.

선지식들로부터 법을 배워 자신의 욕망을 다스리고 진여자성을 회복해야겠다는 결단을 중생들에게 말해주는 것만으로 만족할 수 없었던 것이 나옹의 입장이었다. 그래서 인간의 오욕칠정이나 세속적 욕망이 얼마나 허망한가에 대하여 다시 역설할 필요가 있었다. 그 내용이 바로 <서왕가>의 세 번 째 부분(③)에 나온다. 염불도 하지 않은 채 애욕에 잠겨 세월을 허송하고 사람마다 갖추고 있는 청정한 불성을 생각지도 못한 채 항하사같이 무수한 공덕을 내어 쓰지 못하는 중생들의 어리석음을 강조한 것이 바로 이 부분이다. 그래서 나옹은 이렇게 어리석은 중생들을 꾸짖은 다음 염불공덕이 얼마나 크며, 그로 인해 도달하게 될 극락세계가 얼마나 장엄하고 아름다운지에 대하여 설명했다. <서왕가>의 네 번 째(④)와 다섯 번째 부분(⑤)에 나오는 것이 곧 그 내용이다.

백년 탐물은　　하루아침 티끌이오
삼일 하온 염불은　　백천만겁에 다함없는 보배로세
어와 이 보배　　역천겁이불고하고
긍만세이　　장금이리라
건곤이 넓다한들　　이 마음에 미칠손가
일월이 밝다한들　　이 마음에 미칠손가
삼세제불은　　이 마음을 아르시고
육도중생은　　이 마음을 저버릴새
삼계윤회를　　어느 날에 그칠손가
⋮
화장바다 건네저어　　극락세계 들어가니
칠보금지에　　칠보망을 둘렀으니
구경하기　　더욱 조해
구품연대에　　염불소리 자자 있고
청학백학과　　앵무공작과

금봉청봉은　　　　　하나니 염불일세
청풍이 건듯부니　　　염불소리 요요하외

'하루살이 같은' 인생 백년에 재물을 탐해 보아야 하루아침의 티끌만도 못하지만, 염불은 사흘 동안만 해도 백천만겁의 세월에 없어지지 않는 보배라고 했다. 또한 그 보배는 천겁을 지나도 낡지 않고 만세를 지나도 언제나 지금과 같다는 것이 화자의 확신이다. 세속의 욕심을 버리고 열심히 염불을 하면 극락에 들어갈 수 있는데, 삼세의 모든 부처들은 이 진리를 알고 있으나 육도의 중생들은 이 진리를 저버리니 안타깝다는 것이다.

중생들이 찾아가야 할 극락이란 어떤 곳인가. 칠보금지에 칠보망을 두른 곳, 아홉 종의 연꽃 대좌에 염불소리가 자자히 들리는 곳, 푸른 학·흰 학·앵무·공작새·금빛 봉황새·푸른 빛 봉황새가 염불 하는 곳이다. 불어오는 맑은 바람 속에 염불소리 아련하게 들려오는 곳이 극락이니, 세속의 욕망에 잠긴 중생들이 부지런히 염불하여 극락왕생해야 한다고 강조한 것이다.

종결 부분에서 화자는 중생들에게 열심히 염불할 것을 강하게 권유하면서 노래의 끝을 맺는다. 따라서 이 노래는 나옹 스스로 경험한 구도와 깨달음의 과정을 바탕으로 들어놓은 신앙고백이자 대중교화의 복음이라고 할 수 있는 것이다.

욕망의 짐을 벗고 가볍게 떠나라 하다

청산은 나더러 말없이 살라 하고
창공은 나더러 티 없이 살라 하네
사랑도 미움도 벗어놓고
물같이 바람같이 살다가 가라 하네

나옹의 시문집인 『나옹집』어디에도 나와 있지 않은 이 시의 작자를 사람들은 나옹화상이라 한다. 누구는 당나라 시인 한산(寒山)의 작품이라 하기도 하고, 아예 작자 미상의 작품이라 하기도 한다. <청산송>이라 명명하고 싶은 이 시를 관통하는 주제나 정서는 '무욕의 가벼움'이다. 그런 점에서 작자를 나옹이라 여기는 사람들이 많다는 것은 어쩌면 자연스런 일일지도 모른다. 사람들은 나옹만이 가식에서 떠나 이런 노래를 지을 수 있으리라 보았을 것이다. 아니, 나옹이라면 종당엔 이런 노래를 지었어야 한다고 본 것인지도 모른다. 그래서 몇몇 가수들은 이 시를 다음과 같이 패러프레이즈하여 대중가요로 부른 것이나 아닐까.

청산은 나를 보고

김란영 노래

사랑도 부질없어 미움도 부질없어
청산은 나를 보고 말없이 살라하네
탐욕도 벗어버려 성냄도 벗어버려
하늘은 나를 보고 티 없이 살라하네

버려라 훨훨 벗어라 훨훨
사랑도 훨훨 미움도 훨훨
버려라 훨훨 벗어라 훨훨
탐욕도 훨훨 성냄도 훨훨훨훨훨훨

물같이 바람같이 살다가 가라하네
물같이 바람같이 살다가 가라하네

버려라 훨훨 벗어라 훨훨
사랑도 훨훨 미움도 훨훨
버려라 훨훨 벗어라 훨훨
탐욕도 훨훨 성냄도 훨훨훨훨훨훨

물같이 바람같이 살다가 가라하네
물같이 바람같이 살다가 가라하네

하덕규가 짓고 가수 양희은이 부른 <한계령>도 따지고 보면 나옹의 <청산송>으로부터 나온 것이다. 양희은의 맑고 구성진 음색과 한계령의 초초함이 어울려 탈속의 분위기가 생생하게 살아나는 이 노래가 현대판 <청산송>임은 누구도 부인할 수 없으리라.

한계령

하덕규 작사/양희은 노래

저산은 내게 우지마라 우지마라 하고
발아래 젖은 계곡 첩첩산중

저산은 내게 잊-으라 잊어 버리라 하고
내 가슴을 쓸어내리네

아- 그러나 한줄기 바람처럼 살다 가고파
이산 저산 눈물 구름 몰고 다니는 떠도는 바람처럼

저산은 내게 내려가라 내려가라 하네
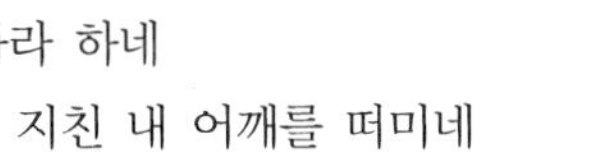
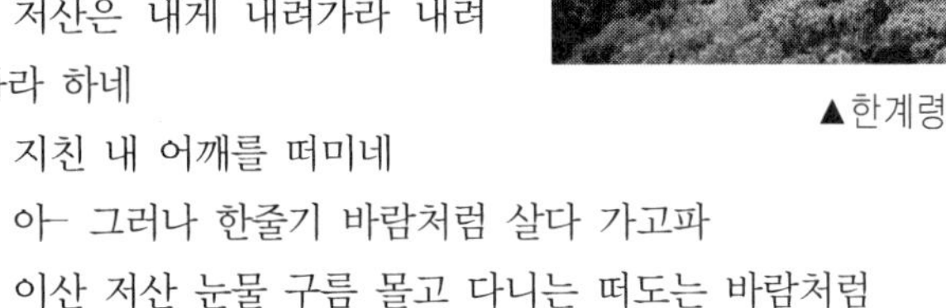

▲한계령

지친 내 어깨를 떠미네
아- 그러나 한줄기 바람처럼 살다 가고파
이산 저산 눈물 구름 몰고 다니는 떠도는 바람처럼

저산은 내게 내려가라 내려가라 하네
지친 어깨를 떠미네

물론 양자 모두 나옹의 시에 비해 부질없이 길어진 느낌의 노래들임은 부정할 수 없다. 그러나 애욕과 물욕에 찌든 현대인들의 고뇌를 훨훨 날려줄 것 같은 힘이 느껴지는 점도 사실이다. 애당초 간결·담백했던 나옹의 서정이 700여년 세월의 강을 건너며 매우 복잡해진 사람들의 내면을 담아내느라 이토록 장황해졌으리라.

인간의 실존적 고뇌를 벗어나기 위해 출가했고, 많은 선지식들을 찾아 문제해결에 몰두한 나옹이 마지막으로 도달한 곳이 바로 '무욕의 가벼움'이었다. 그는 그것을 당대의 중생들 뿐 아니라 지금의 우리들에게도 사자후(獅子吼) 아닌 감미로운 발라드풍의 노래로 속삭이고 있는 것이다. 따지고 보면, '사랑도 미움도 모두 벗어버리고' '물처럼 바람처럼' 살다가 가는 것. 그렇게 살 수만 있다면야 극락세계가 어찌 멀리 있을 수 있겠는가.

제9장

인간의 냄새가 스며든 선취(仙趣)의 서정

-무의자(無衣子) 혜심(慧諶)의 시와 구도(求道)미학-

버리고 떠남, 그리고 얻음

버리고 떠나는 것은 불가(佛家)의 상사(常事)다. 버리지 못하면 번뇌에서 자유롭지 못하고, 집착의 뇌옥(牢獄)에 갇혀버리고 만다. 버리거나 떠나지 못하는 것은 '현재 이곳에 존재하는 물질'에 미혹되기 때문이다. 그리고 그 근본원인은 '참된 나'를 발견하지 못하는데 있다. 참된 나를 찾기 위해 사유(思惟)하고 수득(修得)하는 것이 선(禪)이라면, 그것은 욕계의 오온(五蘊)으로부터 생겨나는 모든 악을 버림으로써 공덕을 쌓게 되는 관문이다. 마음을 하나의 경계에 두고 사려(思慮)하며 욕계의 번뇌를 여의는 것이 바로 사유수(思惟修)다.

사실 인간의 탈을 쓰고 있는 한 욕계의 중생들이 벗어나기 힘든 굴레가 번뇌다. 번뇌를 여의어야 해탈의 문에 들어설 수 있는 것도 그 때문이다. 번뇌를 벗어나면서 만나게 되는 해탈의 경지는 탈속과 초월을 대전제로 한다. 그러나 그것이 고해 중생들에게는 어렵고 멀기만 한 경지다. 무조건 '해탈하라, 초월하라, 떠나라!'는 외침이야말로 고해 속의 범인들을 좌절시키기 쉬운, 지엄한 명령일 뿐이다. 쉽게 따르기 어려운 그런 명령들이 오히려 범부들을 무명(無明)의 미로로 빠져들게 하는지도 모른다. 오히려 삶 속에서 얻어진, 평범하고 일상적인 서정의 문법으로 그런 명령들을 표현할 수만 있다면, 좀 더 많은 범부들을 깨달음의 세계로 인도할 수 있으리라.

그런 점에서 난해한 선시(禪詩) 그 자체가 범부들에게는 마음의 짐일 수 있다. 깨닫지도 못할 암호를 바라보며 '깨닫지 못함'에서 오는 좌절이나 죄의식을 갖게 한다면, 그것은 오히려 '깨달은 자'의 오만일 수 있다. 게문(偈文), 선시(禪詩), 선문답(禪問答)의 어려움은 바로 여기에 있다.

불교 수행 과정의 오도적(悟道的) 체험을 형상화한 선시는 선종의 법통을 전수하는 과정에서 더욱 세련되었다. 선시가 오래 전수되는 동안 일반 문인들의 시풍에까지 영향을 주어 선취의 시작품들이 많이 나왔으며, 우리의 경우 본질적인 선시는 이 글의 대상인 무의자 혜심으로부터 시작되었다고 보는 것이 일반적이다. 『선문염송(禪門拈頌)』을 지은 혜심 이후 원감(圓鑑)·일연(一然)·경한(景閑)·태고(太古)·나옹(懶翁)으로 이어지면서 고려조 선시가 완성되었고, 조선 전기에 이르러 기화(己和)·일선(一禪)·영관(靈觀)·휴정(休靜)·선수(善修)·보우(普雨) 등이 조선 선시의 기초를 확립했으며, 경헌(敬軒)·인오(印悟)·태능(太能)·언기(彦機)·수초(守初)·처능(處能)·수연(秀演)·지안(志安)·해원(海源)·최눌(最訥)·의순(意恂) 등 조선 후기의 선사들에 이르러 조선조 선시의 법통은 완성되었다.

고도의 상징성과 압축성, 절묘한 비유를 특징으로 하는 선시는 '직지인심(直指人心) 견성성불(見性成佛)'하려는 선불교의 종취와 가장 잘 부합한다고 할 수 있다. 선시의 그러한 특징은 시의 본질과도 일치한다. 언필칭 '시선일여(詩禪一如)'를 내세우는 것도 본질적인 면에서 시와 선의 같음을 강조하기 때문이다.

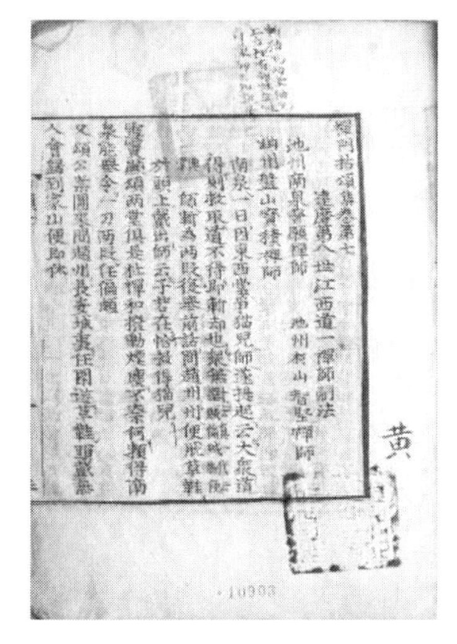

▲혜심의 『선문공안집』

문헌에 나타난 것만을 기준으로 한다면, 무의자 혜심이야말로 우리나라 선시의 개조(開祖)다. 그 증거가 바로 30권 10책의 『선문염송』이다.[1] 무의자가 조계산 수선사(修禪社)에 있던 고종 13년(1226년)에 편집한 것이 이 책이다. 무의자는 선문학의 개조이면서도 어느 후학보다 작품의 양과 질에서 두드러진다. 물론 일종의 문자취미라 할 수 있는 선문학의 창작이 선의 본질에 비추어 볼 때 타당치 않을 수도 있다. 원래 선의 본질은 '불립문자(不立文字)'에 있다. 그러나 문자로 정착시키지 않고는 그 지혜를 전달할 길이 없다. 따라서 무의자 스스로 자신의 선적 지혜를 문자로 남긴 것은 부득이한 일이었다. 말하자면 그 지혜는 전수받고 나면 버려야 할 방편에 불과했던 것이다. 무의자 스스로도 『선문염송』의 서문에서 다음과 같이 말했다.

1) 규장각 소장본(奎 3288-V.1-10).

석가세존과 가섭 이래 대대로 서로 이어 등불이 다하지 않았으며, 서로 은밀하게 당부한 것을 정전(正傳)으로 삼았다. 그 바로 전하고 은밀히 당부한 곳에 말과 뜻을 갖추지 않은 것은 아니나 말이나 뜻으로는 족히 미칠 수 없다. 그러므로 비록 가리켜 진술하려는 게 있어도 문자를 세우지 않고 마음에서 마음으로 전할 따름이었다. 호사자들이 억지로 그 자취를 기록하여 책에 실어 지금까지 전하니 그 거친 자취가 실로 족히 귀하게 여길 것이 아니다. 그러나 흐름을 찾아 근원을 얻고 말단에 의거하여 근본을 아는 것도 무방하다.

그러니 그가 선사의 입장이었음에도 깨달음을 문자로 남겨 놓은 것은 바로 후학들의 교육을 위해서였다. 이 책이 그의 시집과 함께 중시되는 것은 초창기의 선문학을 보여줄 문헌이 거의 없을 뿐 아니라 그 수준 또한 매우 높기 때문이다.

이처럼 고려 중기의 대표적인 선사(禪師) 무의자 혜심(1178~1234)은 전라남도 화순 출신으로 속명은 최식(崔寔), 휘(諱)는 혜심이며, 무의자는 그의 호다. 부친 사후 출가하고자 했으나 모친의 강권으로 유학에 입문했고, 모친 사망을 전후하여 그에게 닥쳐온 불연(佛緣)으로 보조국사(普照國師) 지눌(知訥)의 문하에 나아가 계를 받았다. 스승 지눌에게서 의발을 받고도 굳이 사양한 그였으나, 스승이 입적하고 난 다음에는 수선사를 계승할 수밖에 없었다. 고종으로부터 대선사의 지위를 받은 그는 서울로 올라오라는 명을 받아들이지 않다가 56세로 끝내 수선사에서 입적했다. 이규보(李奎報)는 무의자의 비명에서 다음과 같이 말했다.

어린 나이부터 문장에 종사하는 것을 업으로 삼아 얼마 후 선비의 관문에 뽑혔으니 학문이 정교하지 않은 게 아니고 운명 또한 불우하지 않았다. 조금만 더 참았더라면 대과에 올라 유명한 사대부가 되었을 것이다. 그런데 오히려 거의 성취할 이름을 버리고 일찍 세속에 물드는 걸 떨치지 못함을 한스러워 했으니, 그 초연히 세상을 벗어나는 마음을 이에서 가히 징험할 수 있다.

이규보가 재치 있게 요약한 그의 삶을 보면, 그가 세상살이의 요리(要理) 또한 제법 터득한 상태로 불도에 입문했음을 알 수 있다. 불도수행에의 의지가 더욱 강렬했던 것도 그 때문이었을 것이다. 말하자면 세속의 경험이 불도의 수행에 방해가 되기보다는 오히려 세속에 대한 미련을 끊는데 도움이 되었던 것 같다. 그가 불도에 깊이 들어갈 수 있었던 이유도 그 점에 있다.

세속에서 유도(儒道)를 닦다가 불도에 입문했고, 세속의 부름을 거부하며 선의 세계에서 노닐다가 입적한 그였기에 고승의 품위를 잃지 않을 수 있었다. 그래서 그의 선문학에는 사람의 냄새, 세상의 냄새가 어려 있다. 그러나 사람과 세속의 냄새에는 그것을 떠나 초월하라는 가르침을 극적으로 끌어내기 위한 도구적 의미가 들어 있다. 추한 세속의 냄새가 아니라, 사람들을 편안하게 만드는 아름다운 서정의 향기를 그의 선시에서는 맡을 수 있는 것이다.

집착과 공허, 그리고 채움과 비움

세간의 사물과 애욕에 고착되어 떠나지 못하는 것이 집착이다. 범부는 명문(名聞)·이양(利養)·자생(資生)의 도구에 집착하여 안신

(安身)하는데 힘쓴다는 것이 「보리심론(菩提心論)」의 말씀이다. 명예욕, 현실적인 이익, 먹고 사는 문제 등에 사로잡혀 제 한 몸 편안히 하는데 힘쓰는 존재가 이른바 범부들. 그들로 하여금 세속의 차원을 벗어나지 못하게 하는 것이 바로 집착이다. 그러나 집착으로부터 한 걸음만 벗어나 보면 '아무 것도 없음'을 확인하게 된다. 집착의 대상이 그림자이었음과, 욕심을 채우려다 채우지 못하고 결국 깨친 다음에야 비우는 것이 지혜임을 깨닫게 되는 것이다.

불법(佛法)에
뜻을 두고 사모하와,
찬 재 같은 마음으로
좌선을 배우나니.

공명(功名)이란
하나의 깨어질 시루이고,
사업이란
목적을 달성하면 덧없는 것.

부귀도
그저 그렇고,
빈궁도
또한 그런 것.

내 장차
고향마을 버리고,
소나무 아래에서
편안히 잠이나 자려네.[2)]

志慕空門法
灰心學坐禪
功名一墮甑
事業恨忘筌
富貴徒爲爾
貧窮亦自然
吾將捨閭里
松下寄安眠

<출가할 때 집을 하직하며 지은 시>라는 제목의 작품이다. 불법을 그리워 해 좌선을 배우게 되었다는 것이 첫연의 내용이고, 출가하여 산 속에서 수도하고자 한다는 것이 마지막 연의 내용이다. 2연과 3연은 첫 연과 마지막 연의 근거로 제시된, 이 시의 주지(主旨)라 할 수 있다.

공명과 사업, 부귀와 빈궁은 세속의 일들이다. 무의자는 공명을 '깨어질 시루'로, 사업을 '목적을 달성하면 덧없어지는 것'으로 각각 보았다. 부귀와 빈궁도 모두 그러하다고 했다. 세상사 어느 것이나 다 허무하고 가치 없다는, 진리의 깨달음이다. 대부분의 범부들은 공명과 사업에 목을 맨다. 빈궁을 벗어나 부귀해지려고 애쓴다. 그러나 그런 것들에 집착할수록 그 뒤에 찾아오는 공허는 더욱더 커지는 법. 세속의 일은 채울수록 더 채워야 하고, 집착할수록 더 집착하게 된다. 그러나 집착을 벗어버릴수록, 욕심을 비워낼수록 내면은 더 넓어지고 여유로워진다.

무의자는 고향마을을 '버린다'고 했다. 고향은 세속적인 것들의 출

2) 진각국사 혜심, 유영봉 역, 『국역 무의자시집』, 을유문화사, 1997, 100쪽.

발이다. '금의환향(錦衣還鄕)' 의식은 예나 지금이나 사람들로 하여금 세속적인 것에 집착하게 하고, 욕심을 내게 한다. 세상 사람들이 범부의 차원을 벗어나지 못하는 한, 부귀와 공명은 최고의 목표일 수밖에 없다. 부귀로는 곳간을 채울 수 있고, 공명으로는 허세를 채울 수 있다. 부귀와 공명을 집착할 경우 잘 되면 곳간과 허세를 얼마간 채울 수는 있을 것이다. 그러나 그것들을 채우려는 욕망에는 한계가 없다. 채우고 채우다가 삶을 마치고, 그렇게 삶을 마치면서도 헛되다는 깨달음을 얻지 못하는 것이 대부분의 범부들이다. 그런 점에서 무의자의 출가는 '떠남과 비움'을 상징한다. 떠남과 비움은 몸과 마음을 가볍게 하고, 가벼운 몸으로 소나무 아래서 즐기는 낮잠은 그 무엇에도 비길 수 없는 기쁨이었으리라.

미혹의 바람이 깨달음의 바다를 동요하니
깨달음의 바다에 부질없이 물거품만 이네.
부질없는 물거품처럼 삼유(三有)에 붙어 있는 것
삼유에 잠시 멈추어 머물러 있을 뿐이네.
바람 고요하니 물결도 절로 고요하고
물거품 사라지니 그 생긴 까닭도 없어지네.
담담히 물가에서 멀리 떨어져
돌아보건대 물결만이 아득히 흘러가네.[3)]

迷風動覺海
覺海生空漚
空漚着三有
三有暫停留

3) 이상미, 『진각혜심의 게송문학』, 박이정, 2007, 140쪽.

風恬浪自靜
漚滅無從由
湛湛絶涯涘
顧之浪悠悠

<현담에게 보이며(示玄湛)>라는 게송이다. 내용의 핵심은 '미혹의 바람(迷風)', '깨달음의 바다(覺海)'에 있다. 미혹의 바람은 세속적 영화에 대한 집착이다. 세속적 영화는 부귀의 소유로 이루어진다고 믿는 것이 범부들의 생각이다. 말하자면 소유에 대한 집착이 '미혹의 바람'인 것이다. 미혹의 바람이 거세면 '깨달음의 바다'를 움직일 수 있다. 물론 미혹의 바다에 흔들릴 정도의 '깨달음'이라면, 깨달음의 수준이 보잘 것 없다고 할 수도 있으리라. 그러나 깨달음의 바다에 미혹의 바람이 일으켜 쳐 올리는 물거품은 덧없는 순간의 것이다.

짧디 짧은 인간의 삶[삼유 : 태어나는 순간, 나서 죽기 전까지의 일생, 죽는 순간]만큼이나 덧없는 것이 집착의 물거품이다. 욕망을 여의면 미혹의 바람도 스러지고 깨달음의 바다는 저절로 고요함을 얻게 되는 법. 그런 순간에 도달하면 소유의 집착을 초래한 원인이 어디서 시작되었는지 조차 알 수 없으니, 그 집착이 지배하는 찰나야말로 공(空)이요 허(虛)일 뿐이다. 미혹의 찰나는 욕망을 채우기 위해 아등바등하는 범부의 시공(時空)이고, 깨달음의 영원은 욕망을 비우고 비워 냄으로써 이루어지는 진공(眞空)의 세계다. 그러니 집착이 공허로 바뀌고, 채움이 비움으로 바뀌는 일이야말로 무의자가 추구한 수행의 보람일 것이다.

시내에 이르러선
내 발을 씻고
산을 보면서는
내 눈 맑게 한다오.

한가하게 영욕을
꿈꾸지 않으니,
이밖에 다시
구할 것이 없어라.[4)]

臨溪濯我足
看山淸我目
不夢閑榮辱
此外更無求

굴원(屈原)의 <어부사(漁父辭)>에서 어부는 "창랑의 물이 맑으면 내 갓끈을 빨고, 창랑의 물이 흐리면 내 발을 씻겠다"고 했다. 말하자면 자신의 행동을 세상의 추이에 맞추겠다는 뜻일 것이다. 이에 비해 '시내에 이르러서는 내 발을 씻고, 산을 보면서는 내 눈을 맑게 한다'는 무의자의 생각이야말로 세상을 떠난 곳에 바탕을 두고 있다는 점에서 <어부사>의 모티프와는 전혀 차원을 달리하는 것이다. '한가하게 영욕을 꿈꾸지 않는' 무의자이기 때문에, 이 시 속의 시내와 산은 세상 밖의 사물이요 공간이다. 말하자면 세속적인 영욕이나 소유로부터 떠나 '텅 빈' 무욕의 삶을 영위하는 모습은 가득 채우려던 집착과 욕심의 곳간을 비워냄으로써 '집착해서는 안 된다'

4) 유영봉, 앞의 책, 141쪽.

는 궁극의 깨달음을 그려내고 있는 것이다.

깨달음과 자유로움, 그리고 사물 이미지

무의자의 입장에서 어렵지 않게 성취할 수 있었던 세속의 부귀와 영화를 물리치고 세상을 떠난 것은 그것들이 집착의 근원이라는 사실을 깨닫고, 그로부터 벗어나 자유로워지고자 했기 때문이다. 말하자면 그는 상당한 고민의 과정을 거쳐 '운수행각(雲水行脚)'의 길로 나선 것이다. 운수 즉 '행운유수(行雲流水)'란 흐르는 구름이나 물처럼 걸림 없이 다니면서 불성을 추구하는 선림(禪林)을 일컫는다.

스님을 전송하며

출가하면
모름지기 자재(自在)해야 하거늘
몇 번이나
조사관(祖師關)을 깨쳤는가?

호젓하게
세상 밖을 노닐면서,
고결한 마음으로
속세를 비웃누나.

한 조각 구름에
몸뚱어리 쾌활하고,
구름 걷힌 달님에

마음은 맑고도 한가로워.

바루 하나에다
떨어진 한 벌 승복으로,
수없이 많은 산을
새처럼 날아 넘네.[5]

出家須自在
幾個透重關
獨步遊方外
高懷傲世間
片雲身快活
霽月性淸閑
一鉢一殘衲
鳥飛千萬山

중의 입장에서 중을 말한 시다. 그 중이 무의자 자신은 아니로되 자신의 모습을 비춰 보인 거울이긴 했을 것이다. 첫 연은 중의 도력(道力/道歷)에 대한 의문이다. '출가'는 세속을 떠나는 일이다. 세속을 떠나면 반드시 자재(自在)해야 한다고 했다. '자재'란 속박이나 걸림 없이 마음대로인 상태를 말한다. 무엇엔가 속박되거나 걸림이 있다는 것은 아직도 세속적 욕망의 포로가 되어 있음을 암시한다. 아무리 수행을 해도 마음이 자유롭지 못한 것은 세상에 대한 집착이 강하기 때문이다.

화자는 몇 번이나 '관(關)'을 깨쳤느냐고 묻는다. 수행의 정도나 진정성에 대한 깨우침일 것이다. 그러나 그 물음이 그 중에 대한 것

5) 유영봉, 앞의 책, 51쪽.

이라기보다 오히려 자기 자신에 대한 것이라고 보는 게 타당하다. 관은 조사관(祖師關) 혹은 선관(禪關)이다. 조사는 불법을 창시한 석가모니, 조사관은 그 조사의 위(位)에 들어가는 관문이다. 선관은 선법의 관문이니, '직지인심(直指人心) 견성성불(見性成佛)'이 참선의 본의라면, 의미상 선관이나 조사관은 마찬가지인 셈이다. 말하자면 첫 연에서는 수행의 과정을 말한 셈이다.

나머지 연들은 출가수행의 결과로 얻어진 무상(無上)의 즐거움이나 무욕의 가벼움을 노래한 부분이다. 방외(方外) 즉 세상 밖에 노닐면서 '고결한 마음으로 속세를 비웃는다'고 했다. 이것 또한 그 중에 대한 꾸지람이나 깨우침의 말이면서 스스로에 대한 그것들이기도 하다. 속세가 아무리 부정적인 공간이라 해도 진정 깨달은 자라면 그곳을 비웃어서는 안 될 것이다. 무의자의 상대는 어쩌면 법력(法歷)이 일천한 스님이었지도 모른다. 1연과 2연의 수행을 거쳐 도달할 수 있는, 자유로운 경지를 3연과 4연에서는 노래했다. 즉 세속적인 영욕으로부터의 초연함과 걸림 없는 자유를 말하고 있는 것이다. 그런 경지를 보여주기 위해 도입한 이미지가 구름, 달, 새 등이다. 하늘에 둥둥 떠가는 구름은 흐르는 물과 함께 '걸림 없는 자유'와 무상(無常)의 이미지로 쓰여 온 소재이며, 달은 원융무애(圓融無碍)의 불교 이념을 구현하는 이미지로 도입되었다. 더욱이 '구름 걷힌 달님'은 무명(無明)을 벗어난 지혜의 빛을 상징한다. 그것은 시에서 말하는 바와 같이 '맑고도 한가로운' 마음이다.

새는 자유를 표상하는 이미지다. 높은 산을 자유자재로 날아 넘을 수 있기 때문에 새는 '걸림 없는' 존재이기도 하다. 새가 가볍고 걸림 없는 것은 현실적인 욕망에 집착하지 않기 때문이다. 새는 똬리를 틀고 앉아 한 곳에 집착하는 존재도, 욕망에 눈이 뒤집혀 한사코 쪼아대기만 하는 존재도 아니다. 그런 까닭에 무의자는 가볍게 땅을 박차고 날아올라 이곳저곳을 막힘없이 날아다니는 새에 '바루 하나에다 떨어진 한 벌 승복'으로 운수처럼 이곳저곳 막힘없이 떠도는 스님을 스스럼 없이 비유할 수 있었던 것이다.

사실 이 시에서 길 떠나는 스님을 바라보며 느낀 점을 표현했지만, 따지고 보면 그것은 불도에 입문하여 진리를 찾아 나선 자신의 모습을 그린 것이기도 하고, 그렇게 되어야겠다는 이상이나 의지를 표출한 내용이기도 하다.

조선조의 선명(善鳴)인 송강 정철도 이와 비슷한 분위기의 노래를 지어 부른 바 있다.

> 물 아래 그림자 지니 다리 위에 중이 간다
> 저 중아 게 있거라 너 가는 데 물어 보자
> 막대로 흰 구름 가리키며 돌아 아니 보고 가노매라[6]

운수처럼 흘러가는 중이라면, 어떤 물음에도 대꾸할 턱이 없다. 그 중은 어쩌면 묵언(默言) 수행 중이었을지도 모르나, 그렇지 않다 해도 부질없이 말을 나눌 필요까진 없다고 보았을 것이다. 여기서의 묵언은 초탈과 자유를 내포한다. 가는 곳을 물어보는 말에 막대로 흰 구름을 가리킨 행위는 부처와 가섭 사이에 오고간 '염화시중(拈華示衆)의 미소' 같은 것이었는지도 모른다. 말을 건넨 속인이 그 뜻을 알 리는 없었을 테지만 말이다. 그 속인이 막대 끝을 보았는지

6) 『송강전집』, 성대 대동문화연구원, 1964, 357쪽.

막대가 가리키는 흰 구름을 보았는지 알 수는 없지만, 출세간의 중으로서는 그 나름의 의사 전달은 했다고 할 수 있다. 분위기로 보아 송강 정철의 이 노래와 부합하는 무의자의 시는 또 있다.

그림자를 마주하고

못 가에
홀로이 앉았다가,
못 아래서
우연히 중 하나를 만난다.

묵묵히 웃으며
서로를 바라보나니,
그대 말 걸어도
대답하지 않을 걸 나는 안다네.[7]

池邊獨自坐
池低偶逢僧
嘿嘿笑相視
知君語不應

무의자 시에 그려지거나 감도는 것은 참선의 분위기다. 운수처럼 말없이 떠도는 중에게서 조용한 웃음으로 표출되는 '웅변'을 이끌어 내고 있다. 그것이 실제 중의 웃음이라기보다는 무의자 스스로 슬며시 드러내는 법열(法悅)의 웃음이라 보는 게 타당할 것이다.

7) 유영봉, 앞의 책, 147쪽.

소요곡(逍遙谷)

대붕(大鵬)의 바람치는 날개는
몇 만 리를 난다지만,
굴뚝새의 숲속 둥지는
나뭇가지 한 가지로 족하다네.

길고 짧음 비록 다르나
모두가 자적(自適)하노니,
닳아빠진 지팡이와 해진 장삼은
응당 서로 어울리리.[8]

大鵬風翼幾萬里
斥鷃林巢足一枝
長短雖殊俱自適
瘦笻殘衲也相宜

이 시에서 대붕과 굴뚝새를 대조시킨 것은 『장자』「소요유」편에서 붕새와 비둘기[鳩] 혹은 메추라기[鴳]를 대조시킨 데서 나온 것이고,[9] 그것은 안분(安分)하고 자적(自適)하려는 시인의 의도를 잘 나타내는 설정이기도 하다. 대붕이 비록 걸림 없는 기개와 초월적 위력을 지닌 존재이긴 하지만, 시인은 그것을 세속의 부귀영화를 거머쥔 영웅의 상징으로 받아들인 것 같다. 중요한 것은 양자가 규모나 배포에서 큰 차이를 보이면서도 모두 자적한다는 점이다. 아무런 속

8) 같은 책, 59.

9) 『장자(莊子) 내편(內篇)』「소요유(逍遙遊) 제1」'붕도남(鵬圖南)'[유무궁우화(遊無窮寓話].

박도 받지 않고 편안히 즐기는 것이 자적이다. 굴뚝새에게 숲속의 나무둥지 하나면 충분하듯 자신은 닳아빠진 지팡이 하나와 해진 장삼 한 벌이면 자적할 수 있다는 뜻이다.

대붕과 굴뚝새의 이미지를 이용, 세속의 부귀영화에 대한 탐착을 끊고 자유로워지려는 의지를 강하게 드러냈다. 그런 의지는 깨달음을 전제로 한다. 그런 부귀영화의 헛됨을 깨닫고 스스로의 분수에 맞추어 자적하는 삶을 추구한 무의자의 인생관이 이 작품에는 진하게 배어있다.

한가위에 달을 보다가

밝은 구슬, 흰 구슬이
인간 세상 있다면,
세도가가 빼앗고 권력가가 다투어
한가롭게 버려두질 않으리라.

물에 비친 저 달 만약
세상의 보배가 되었다면,
어찌 궁벽한 산골까지
비추도록 두었겠나?[10]

明珠白璧在人間
勢奪權爭不放閑
若使水輪爲世寶
豈容垂照到窮山

10) 유영봉, 앞의 책, 126쪽.

달은 원융무애(圓融無碍)한 불교정신을 상징하는 사물이다. 이 작품에서는 달을 보는 세속의 관점과 산중의 관점을 대비시켜 읊고 있지만, 달에 대한 묘사가 주된 목적은 아닐 것이다. 세도가와 권력가는 세속의 부귀영화를 움켜 쥔 사람들로서 끝없는 탐욕에 집착하는 존재들이다. 그러나 무의자 자신을 포함하여 출세간의 수도자들은 세간의 영욕에 대한 집착을 단진(斷盡)한 채 산중에 숨어 지내는 자들이다. 이 작품에는 '세간 : 산중', '탐욕 : 무욕'의 상반되는 요소들이 대립되어 있는데, 그런 발상 자체가 세간 영욕의 헛됨에 대한 깨달음을 바탕으로 하는 것임은 물론이다.

출가하여 불문에 귀의한 무의자는 떠나온 세속에 미련을 갖고 있지 않음을 스스로 다짐하려고 했던 것일까. 때마침 떠오른 달을 사이에 두고 자신이 몸담고 있는 '궁벽한 산골'과 세속을 대비시켰다. 그 대비를 통해 세속적 욕망의 덧없음과 출세간의 긍지를 강조하는 효과를 거두고자 한 것이나 아닐까.

사람냄새 스며든 서정적 조화

무의자의 시에서는 노선사(老禪師)의 죽비소리가 들리지 않는다. 용맹정진(勇猛精進)을 채근하는 무거운 말투도 들려오지 않는다. 작은 시내가 돌돌돌 소리 내며 흐르듯, 하얀 뭉게구름이 뉘엿뉘엿 흘러가듯 솜털처럼 부드러운 음성만이 귓전을 간질여줄 뿐이다. 무의자가 시 말고도 「죽존자전(竹尊者傳)」과 「빙도자전(氷道者傳)」 등 가전 작품을 남긴 것도 그의 그런 시풍과 무관치 않다.

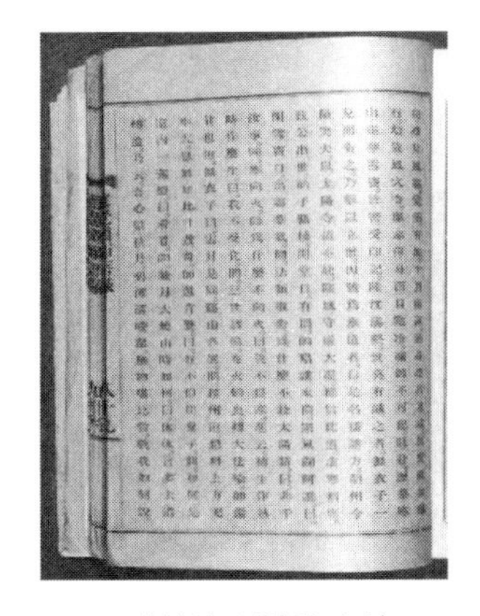

▲혜심의 의인체 소설 「빙도자전」

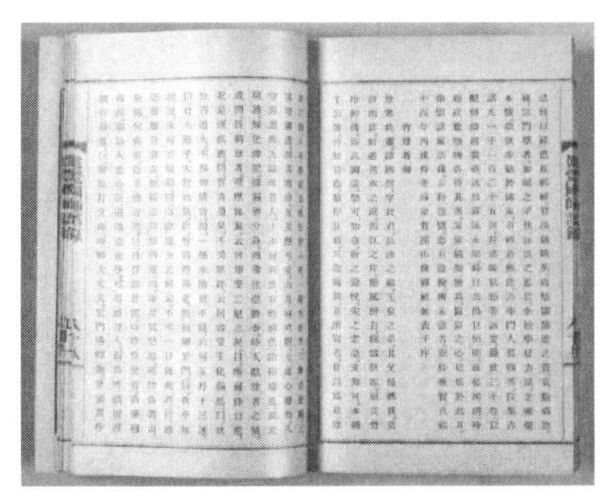

▲혜심의 의인체 소설 「죽존자전(竹尊者傳)」

가전은 사물을 의인화 시켜 전기(傳記)의 형태로 서술한 문학인만큼 우언적(寓言的)이고 가공적(架空的)인 특질을 갖고 있다. 말하자면 강하고 단단한 직설보다는 부드럽게 에둘러 풍자하려는 작의가 짙은 문학 형태라는 것이다. 또한 그의 시들에는 선적인 관조를 바탕으로 조용한 깨달음이 형상화 되어 있기도 하다. 그런 만큼 그의 서정은 따스하고 인간적이다.

봄을 아쉬워하며

봄이 장차 저무는 걸
남 몰래 슬피 여겨,
조그만 꽃밭에서
시 한 수를 읊노라.

잎사귀에 바람 부니
놀란 듯 푸르름이 날리고,

꽃잎에 비 내리니
나풀대며 붉은 빛이 떨어진다.

나비란 놈은
붉은 꽃술 물고 가고,
꾀꼬리란 놈은
푸른 버들눈을 맞아 온다.

향긋하니 보드랍고
따스한 봄날 일,
새순들은 솔잎과 댓잎처럼
차고도 담박한 모습일세.[11]

暗惜春將季
沈吟小苑中
葉風飜駭綠
花雨落粉紅
蝶兒咂去花脣赤
鶯友迎來柳眼靑
芳菲軟暖春家事
笋似松筠冷淡形

도력 높은 선사의 작품이라 할 수 없을 만큼 섬세하면서도 잔잔한 서정이 묻어나는 작품이다. 세속의 영욕에 매여 사는 필부필부들 가운데 누군들 가는 봄을 아쉬워하지 않겠는가. 짧고 덧없는 인생이 지는 봄꽃과 함께 늙어간다고 생각하면 슬프지 않은 선남선녀가 없으리라. 그래서 무의자도 봄이 저물어 가는 걸 보며 '남몰래 슬피'

11) 유영봉, 앞의 책, 78쪽.

여긴 것이다. 그 남 모르는 슬픔을 시로 엮어 놓은 것이다. 2, 3, 4연에는 관찰의 세밀함과 탁월함이 드러나 있다. 푸른 빛과 붉은 빛이 어울리는 색깔의 조화 또한 현란하고, 시인의 감정이 이입(移入)된 나비와 꾀꼬리, 새순과 솔잎, 댓잎 등 미세한 묘사는 가히 압권이라 할 만하다. 선사임을 내세워 선취(仙趣)를 드러내고자 하지 않았고, 덧없는 세상의 이치를 깨달은 자만이 가질 수 있는 근엄함을 내비치고자 하지 않았다. 그저 세상 사람들 모두 가질만한 잔잔한 서정을 꾸밈없이 드러내고자 한 것이다.

선가(禪家)의 정맥인 지눌의 사상을 조술(祖述)했을 뿐 아니라, 위로는 왕으로부터 갓 출가하는 자들까지 가까이에서 법문을 듣고 싶어 했던 고승이 바로 무의자였다. 당시까지 이어지고 있던 불교의 누습(陋習)을 타파하고 개혁하려 했던 점도 무의자가 지니고 있던 지도자적 비전의 한 측면이었다. 그런 무의자에게서 계곡을 쩌렁쩌렁 울려대는 사자후(獅子吼) 대신 도란도란 들려주는 이웃집 아저씨의 다정한 말소리를 들을 수 있다는 것은 후학들이 만나게 된 행운이다. 그의 시작품들 속에 사람냄새가 스며있다고 하는 것도 바로 그 때문이다.

제10장

성과 속의 서사적 대결, 그 숭고한 결말

-〈월인천강지곡〉의 서사문법-

<월인천강지곡>과 <용비어천가>

<월인천강지곡>(이하 <월인곡>으로 약칭)은 <용비어천가>(이하 <용가>로 약칭)와 함께 조선조 악장의 쌍벽을 이룬다. <월인곡>은 불신(佛臣) 그룹에 의해 석가모니의 일대기를 바탕으로 제작된 불교 서사시로서 이념적·정치적으로 단순치 않은 함의(含意)를 지니고 있다. 이에 비해 <용가>는 조종(祖宗)의 공업(功業)이 천명에 기반을 둔 성사라는 점과 그런 왕업을 후왕들이 잘 보수(保守)해야함을 경계한 노래로서 유신(儒臣)그룹의 주도로 제작된 악장의 완결편이다. 불교 중심의 고려왕조를 무너뜨리고 세워진 것이 조선왕조였던 만큼 유교는 명분상으로나 실질상으로 왕조 존립의 기반이었으며, 당연히 불교는 체제와 관련하여 어떤 측면에서도 용납될 수 없었다. 그러나 국가 운영의 한 축이었던 왕실에서는 불교를 여전히 숭배하

고 있었으며, 어느 면에서는 불교가 유교 중심의 신권(臣權)을 견제하기 위한 수단으로 왕실에 의해 이용된 측면을 엿볼 수 있기도 하다. 그런 점에서 본다면 왕실의 비호를 받던 불신 그룹이 <용가>를 능가하는 규모의 <월인곡>을 제작한 것은 당대의 상황에 비추어 볼 때 충분히 있을 법한 일이었고, 의미심장한 일이기도 하다.[1]

지금까지 <월인곡>에 관한 연구는 어학적 측면과 문학적 측면에서 이루어져왔다. 문학적 측면에서는 주로 악장이나 서사시적 관점의 연구가 주류를 이룬다. 전자는 작품의 쓰임새를 중심으로 하는 현실적 측면에, 후자는 장르적 성격을 중심으로 하는 문학 본질의 측면에 각각 중점을 둔 경우들이다. 교술시인 <용가>가 불완전하나마 서사시적 성격을 바탕으로 한 악장인 반면, 의심할 바 없는 서사시인 <월인곡> 또한 교술적 성향을 바탕에 깔고 있는 악장의 장르적 범주로부터 벗어날 수 없다. 즉 두 작품 모두 장르적으로 중층의

1) 세종 31년 2월 당대의 대표적인 불신인 김수온을 병조정랑 지제교로 삼은 사실에 대하여 실록은 다음과 같이 해명했다. 즉 "수온은 시문에 능하고 성품이 부도(浮屠)를 매우 좋아하여, 이 인연으로 사랑함을 얻어 전직장(前直長)으로서 수년이 못되어 정랑에 뛰어 올랐고, 일찍이 지제교가 되지 못함을 한스러워 하였는데, 이에 이르러 특별히 제수되었다. 무릇 수온의 제수는 대개가 전조(銓曹)에서 의논한 것이 아니고 내지(內旨)에서 나온 것이 많았다. 임금이 두 대군을 연달아 잃고, 왕후가 이어 승하하니 슬퍼함이 지극하여 인과화복의 말이 드디어 그 마음의 허전한 틈에 들어 맞았다. 수온의 형인 중 신미(信眉)가 그 요사한 말을 주창하고 수온이 찬불가시를 지어 그 교(敎)를 넓혔다. 일찍이 불당에서 법회를 크게 베풀고 공인을 뽑아 수온이 지은 가시에 관현을 맞춰 연습하게 하여 두어 달 뒤에 쓰게 하였다. 임금이 불사에 뜻을 둔 데에는 수온의 형제가 도운 것이다[세종 123 31/02/25]"는 점으로 미루어 김수온을 비롯한 불신그룹이 당대 집권세력과는 이념을 달리했으나 임금을 비롯한 왕실의 신망은 두터웠음을 알 수 있고, 왕실의 뒷받침에 힘입어 불사를 적극 추진했으며, 그 일환으로 <월인곡>이 제작되었을 가능성까지 이 기록에는 암시되어 있다.

구조를 지니고 있는데, <월인곡>은 교술성이 내면화 된 채 서사성만이 강하게 노출되고, <용가>는 서사성은 내면화 된 채 교술성만이 전면에 노출되는 경우다. 두 작품 사이의 '같고 다른 점들'은 본질적 측면이나 현실적 측면들 모두에서 발견된다. 이념적으로 대척의 관계에 놓이면서도 악장으로서의 기반이나 일부 구조적인 측면을 공유한다는 사실은 두 작품 모두 당대 현실의 정치·사상적 자장으로부터 자유롭지 못했음을 암시한다.

악장은 궁중의 공식적인 음악에 사용되는 가사다. 그런 만큼 왕조의 이념이나 지향하는 이상을 극명하게 반영하는 양식이기도 하다. 왕조의 이념이나 이상이 정권 담당자들의 이해관계와 직결되어 있다는 점을 감안하면, 유교를 국시로 하던 왕조에서 <월인곡> 같은 큰 규모의 불교악장이 제작된 사실은 당대 지배집단의 이념적 향배와 밀접하게 관련된다. 작품 자체의 구조와 함께 이런 배경적 상황이 <월인곡>의 이해에 중요한 자료가 된다고 보는 것도 이 때문이다.

『월인천강지곡(상)』의 194장과 『월인석보』에서 중복된 곡차(曲次)를 제외한 211.5장, 『석보상절』(권9)의 책장에 끼여 전하는 <월인곡> 낙장 2곡(244·255)까지 합하면 현재 확인할 수 있는 <월인곡>의 작품 수는 407.5곡이 된다.[2] 그러나 『월인천강지곡(상)』에 실린 노래들이 비교적 정연한 사건의 전개양상을 보이는 반면 여타 문헌들에 실린 것들은 단편(斷片)들로서 사건이나 내용의 연속성을 확보할 수 없다. 따라서 <월인곡>의 장르적 본질이나 창작의도, 내용구조 등을 살펴보기 위해서는 비교적 정연한 짜임을 보여주는 『월인

2) 김기종, <월인천강지곡>의 배경과 구성방식 연구, 동국대 석사논문, 1998, 4~5쪽.

천강지곡(상)』을 텍스트로 삼는 것이 타당하다.

이처럼 『월인천강지곡(상)』을 텍스트로 삼아 <월인곡>의 불교 서사시적 성격을 살펴보자.

<월인곡>과 지배집단의 이념

<월인곡>의 제작배경은 내·외의 두 측면에서 살필 수 있다. 당시 왕조 존립의 이념적 기반이 유교였다는 점에서 명시적으로 타도의 대상이었던 불교에 기대거나 선양하는 행위를 왕실이 주도한다는 것은 쉽게 용인될 수 없는 일이었다. 그럴 수밖에 없는 이유가 대의명분으로 제시되어야 했는데, 여기서 외면적인 배경을 추출할 수 있다. 이와 달리 작품 안에 잠재된 주도세력의 실질적인 욕구나 이해관계의 해석을 통해 유추되는 사실은 내면적 측면의 제작배경이다. 먼저 외적인 배경은 다음과 같다. 연달아 두 아들[5남 광평대군과 7남 평원대군]을 잃은 세종이 소헌왕후 마저 승하하자, 수양대군에게 추천을 위한 전경(轉經)의 사업으로 석보를 만들고 번역하라는 명령을 내렸다. 이에 수양대군은 승유·도선 두 율사가 각각 만든 보를 아울러 『석보상절』을 만들고 국역하여 올렸는데, 세종이 이에 찬송을 지어 '월인천강'이라고 했다 한다.[3]

서문의 내용처럼 <월인곡>의 작자가 세종임은 분명하나 여러 상황으로 미루어 그렇게만 볼 수 없다는 것이 현재의 중론이다. 『악장

3) 「어제 월인석보 서」, 『역주 월인석보 제 1·2』, 세종대왕기념사업회, 1992, 33~35쪽.

가사』에 실려 있는 <능엄찬>, 『악학궤범』에 실려 있는 <미타찬>·<본사찬>·<관음찬>·<관음찬가> 등과 함께 <월인곡>의 작자를 김수온(金守溫, 1410~1481)으로 보는 견해,[4] 세종은 단순한 주관자이고 김수온·신미·안평·수양 등이 제작에 가담했을지도 모른다는 견해,[5] 김수온은 <월인곡>의 기초 자료인 「석가보」를 편찬하는 데 전념했으므로 <월인곡>의 창작에 손 댈 여유가 없었으므로, 당대 학승들 가운데 신미가 창작의 주역을 맡았으리라는 설[6] 등으로 세종 어제설은 거의 극복이 되었고, 김수온을 둘러싼 견해들만 무성하게 거론되고 있는 현실이다.

그러나 무엇보다 중요한 것은 <월인곡>이 세종 말년에 창작되었으며 그 직전에 제작된 <용가>와 함께 악장으로 사용된 장편 연장체의 서사시라는 점이다. <용가>가 유신들에 의해 제작된 악장의 완결편인 반면 <월인곡>은 그들과 이념적으로 대척적 입장에 있던 호불 유학자 혹은 학승 석덕들에 의해 제작된 불찬 악장의 완결편이다. 조선 초기 악장의 개인적 제진을 주도해 오던 변계량을 전환점으로 악장의 창작 의식이 전환을 맞게 되었고,[7] 그 후에 <용가>가 찬성됨으로써 조선조 악장은 완성되었다. 그러나 유교입국의 이상을 그린 <용가>에 대하여 <월인곡>이 찬진됨으로써 조선초 지배

---

4) 김사엽[『이조시대의 가요연구』, 학원사, 1956, 55~56쪽], 박병채[『논주 월인천강지곡(상)』, 정음사, 1974, 31~43쪽] 등의 견해.

5) 남광우, 『월인천강지곡 해제』, 『국어학』1집, 국어학회, 1962, 151-152쪽.

6) 사재동, 월인천강지곡의 불교 서사시적 국면, 『한국문학연구입문』, 지식산업사, 1982, 388~389쪽.

7) 조규익, 조선조 악장의 통시적 의미, 『국제어문』27, 국제어문학회, 2003, 133~137쪽.

세력의 이념적 갈등은 노정된 셈이다. 불교 서사시[8]로서의 <월인곡>을 창작한 점에 대하여 작자 그룹은 유교 일변도의 당대 정계에 일종의 이념적 교두보를 마련했다고 스스로 판단했음직하다.

전통적으로 호불의 입장에 서온 왕실이 세종 말기부터 엄청난 반대를 무릅쓰고 불사들을 적극적으로 추진했다거나,[9] 세조 조에 이르러 끊임없이 제기되는 호불적 조치들을 보면 그런 점을 짐작할 만 하다.[10] 현실적으로 위축되어 있던 불교의 위세를 얼마간 회복할 기회로 본 것이 불교계의 입장이었고, 신권에 비해 상대적으로 약해진 왕권을 강화시킬 호기로 본 것이 왕실의 입장이었으므로, 양자의 이해관계가 합치된 위에서 이룩된 결과가 <월인곡>을 포함한 여러 불사들이었다고 할 수 있다. 왕실과 불교계의 이해가 맞아 떨어진 것은 정치적 측면에서의 이유이고, 두 아들과 왕비를 잃은 세종이 <월인곡>을 통해 내면세계를 표출하고자 한 것은 개인적 제작 동기였으리라 본다. 좀더 구체적으로 정리하면 <월인곡> 제작의 외적 이유는 분명 소헌 왕후에 대한 추천이었다. 그러나 그보다 중요한 것은 드러나지 않는 내적 이유인데 명나라와의 외교적 이유,[11] 유교

---

8) 사재동[앞의 논문, 391쪽]은 <월인곡>이 불경으로서의 숭엄성과 서사시로서의 문학성이 조화를 이루어 장편 불교 서사시로 승화되었다고 한다.

9) 세종 121 30/7/17～29 및 8월조 참조. 또한 김수온의 「사리영응기(舍利靈應記)」에 의하면, 세종 자신이 찬불가곡을 짓는 등 불사에 적극적이었다 한다.<이병주, 『석보상절 제 23·4 해제』, 문교원, 1969, 20～21쪽.>

10) 조규익, 『조선초기아송문학연구』, 태학사, 1986, 77～78쪽.

11) 조선조 태종 2년～세종 6년에 걸치는 시기의 명나라 황제는 성조(成祖)로서 대단한 호불주였다. 그는 수시로 조선에 보살명칭가곡(菩薩名稱歌曲)을 비롯한 불서들을 내려 주었다. 사신을 보내어 황제가 보살명칭가곡을 내려준 것을 사례한 일[태종 035 18/06/09], 황제가 명칭가곡 1천 본을 내려준 일[세종001 00/09/04], 명칭가곡을 중국 사신이 지나는 주·군의 승도로 하여금 외어 익히게

이념으로 무장한 권력집단에 대한 견제, 신불(信佛)에 관련된 왕실 내의 분위기 등을 구체적인 내용으로 꼽을 수 있다.

<월인곡> 상편은 매 면 8행, 매 행 15자, 총 71장 194곡이다. '국어로 썼다'는 진전(進箋)의 언급[12]에도 불구하고, <용가>가 애당초 한시로 제진된 뒤 국역되었다는 주장[13]이 점점 설득력을 얻어가고 있는 데 반해, <월인곡>은 처음부터 국문으로 창작되었음이 분명하다. 형식 면에서 첫 장만 1행이고 나머지는 모두 2행으로 되어 있으며, 각 행은 대부분 정확한 6음보로 이루어져 있다. 또한 대응하는 두 마디가 세 개씩 중첩되므로, 각 장은 12 마디로 성립된다. 이것은 첫 장이 1행, 마지막 장이 3행, 그 나머지가 2행인 <용가>와 유사한 점이다.

한 일[세종 002 00/12/26], 황제가 하사한 명칭가곡을 외워 읽게 하여 존경하는 뜻을 표하라는 건의에 '거짓으로 높이는 것은 의에 합당하지 않으니 그 중 상서로운 것이 있으면 시가를 짓고 관현에 올려 성덕을 찬양하는 것이 마땅하다'고 말한 일[세종 006 01/12/08], 명칭가곡을 외우고 부처를 숭봉하는 일은 당연히 거행해야 한다고 말한 일[세종 006 01/12/10], 승과에 응시하려는 중은 유생의 『문공가례』를 강하는 예에 의거하여 능히 명칭가곡을 외우는 자만 응시하게 한 일[세종 006 01/12/12] 등을 감안할 때 조선 초기 특히 세종대에 중국의 황제가 하사한 보살명칭가곡이나 『권선서(勸善書)』· 『음즐서(陰騭書)』·『신승전(神僧傳)』 등 불서들이 많이 유행했음을 알 수 있다. 특히 '명칭가곡 중 상서로운 것이 있으면 시가를 짓고 관현에 올려 성덕을 찬양하라'는 세종의 명을 감안하면 이 시기에 불경이나 불교가곡이 상당히 유행했고, 그것이 당대의 궁중음악과 결부되어 <월인곡>과 같은 불교 악장으로 발전할 수 있는 토대로 작용했을 가능성만큼은 충분하다고 생각한다. 따라서 이 경우 <월인곡> 출현의 동인 가운데 하나로 외교적 측면을 거론할 수 있을 것이다.

12) 세종 108 27/04/05.

13) 이숭녕[세종의 언어정책에 관한 연구, 『아세아연구』V.1, No.2, 고려대 아세아문제연구소, 1958, 65쪽], 강신항[용비어천가의 성립연대와 제 이본, 『동아문화』2, 서울대 동아문화연구소, 1963, 222쪽] 등의 견해 참조.

<월인곡> 외에도 세종 말년에는 상당수의 찬불가들이 관현에 올려져 궁중의 불당에서 연주되었다. 이 일은 김수온이 주도했는데, 그는 시문에 능할 뿐 아니라 불교 중흥에도 큰 공헌을 한 인물이었다. 특히 세종의 지우(知遇)를 받아 직장이라는 하위직으로부터 지제교로 승차했으며, 세종조의 각종 불사에서 그의 형 신미와 함께 결정적 영향력을 행사한 것으로 보인다. 즉 신미가 설법을 주로 하고 수온이 찬불가시를 지음으로써 불교의 저변을 회복하는 일에 크게 기여했을 가능성은 매우 높다. 왕이 호불로 돌아서는 시기부터 불당에서 법회를 크게 열고, 악공을 뽑아 수온이 지은 가시에 관현을 맞추어 사용하게 한 일[14]만 보아도 이런 점은 분명하다. 뿐만 아니라, 신곡을 지어 관현에 올리고 악공 50여명과 무동 10명으로 음성 공양을 했다는 기록[15]이 있는데, 그 노래 또한 찬불적 악장이었을 것이다. 조정 안의 모든 대신들이나 종친, 대군 및 제군들이 참석하여 왕실 불사에 호응했으며 연주되는 찬불 악장에 맞추어 뛰놀았다는 사실은 이들 대부분이 찬불적 악장에 익숙해 있었음을 암시한다.

『악학궤범』(「학연화대처용무합설」)의 <미타찬>, <본사찬>, <관음찬> 등은 세종 조에 많이 불렸던 불찬의 음악이었다. 특히 이 노래들의 앞 부분은 「천수경」 등에 나오는 염불문 그대로이나, 제기가 제창하는 중반부터는 현토된 5언시로서 <봉황음> 등 여타 악장들과 같은 모습을 보여준다. 이러한 찬불적 악장들을 거쳐 <월인곡>이 출현했다고 보는데, 이 점은 여러 악장들의 출현을 거쳐 <용가>

14) 세종 123 31/02/25.

15) 세종 122 30/12/05.

▲학연화대처용무합설 : 학무, 연화대무, 처용무의 3가지 춤을 합쳐 연출한 것으로, 섣달 그믐날의 나례(儺禮) 때 거행하던 의식절차이다. 조선시대에는 고려 때와는 달리 구나(驅儺) 뒤에 화려한 처용무를 곁들였다. 처용무는 신라 헌강왕 때의 처용설화에서 비롯한다. 『고려사』에 의하면 충혜왕 조, 신우(辛禑)조 등에서 처용희를 즐겼다는 기록이 많이 발견된다.

가 제작된 사실과 부합한다. 시험 단계의 찬불적 악장들이 단순히 부처만을 대상으로 삼은 데 비해, 그것들의 완결편인 <월인곡>에 와서는 현실인식이 반영된 모습을 보여주기도 한다. 194장의 '임금이 선심을 내면 신하도 선심을 낸다'는 요지의 내용은 특수한 사례의 설명이긴 하나, 다른 측면에서는 현 임금을 비롯한 뒷 시대의 임금들에 대한 경계의 뜻으로 볼 수도 있다. 따라서 현재 확인되지 않고 있는 <월인곡>의 중·하권에 이르면 이러한 현실인식이 자주 표출되리라 생각한다.

내용의 짜임, 장르적 성격

서구 서사시의 본질적인 개념[16]과 일치하지 않는 것은 사실이나, 현재 남아 있는 <월인곡>이 장편 서사시라는 점에 대해서는 의견의 일치를 보이고 있다. 우선 전체 내용은 어떻게 짜여져 있고, 그 서사적 성격은 어떠한지에 대하여 살펴볼 필요가 있다.

<월인곡> 가운데 현재 온전히 남아 전해지는 부분은 <월인곡(상)>에 실려 있는 194곡이다. 그리고 그 내용은 '1장(총서)/2장(서)/3장-194장'으로 나뉜다. 1장은 말 그대로 <월인곡> 전체의 총서이고, 2장은 앞으로 펼쳐질 사건들을 통해 청자나 독자들이 인식해야 할 교술적 내용을 암시하고 유념할 것을 당부한 부분으로 서사(序詞)라 할 수 있다. 부처의 일생 전부가 반영된 것은 아니지만 3장~194장은 부처의 전생담과 현생담으로 구성되었고, 현생담은 '탄생-출가이전/출가-정각 이전/정각-입멸'로 나뉜다. 발견되지 않고 있는 나머지 부분들에는 정각 이후의 행적들과 입멸 이후의 일화들, 후인들에 대한 교술적 내용, 총결 등이 들어 있을 것이다. 이 구조는 이미 <용가>에 나타난 바 있다. 즉 총서인 1장은 6조의 건국 사적이 하늘의 복임을 단정적으로 제시하여 <용가>의 주제를 집약한

---

16) '육보격 혹은 그 이상의 운율을 갖추고 영웅 한 사람이나 로마나 기독교 문명 등 하나의 문명에 초점을 맞춘 이야기로서 행위의 일관성, 진행의 신속성, 이야기의 중간에서 시작하는 기법, 초자연적 요소, 예언, 지하세계 등의 등장, 화려한 장식적 직유법, 수식어의 반복, 그리고 진실되고 굴하지 않는, 견줄 데 없이 고귀한 인물들' 등으로 그 의미범주를 한정했다.<Paul Merchant, 이성원 역, 『서사시The Epic』, 서울대 출판부, 1987, 저자 서문>

부분이며, 이것은 총결에 해당하는 125장과 대응된다. '나무'와 '물'이 갖추어야 할 당위적 조건을 통해 교육적 단서를 제시한 것이 서사인 2장이다. 즉 '나무가 바람에 흔들리지 않으려면 뿌리가 깊어야 한다'는 점, '가뭄에도 마르지 않으려면 샘이 깊어야 한다는 점' 등은 왕조의 이상과 근본을 제시한 은유적 교훈이다. 말하자면 2장은 물망장[110~124]과 대응되는 내용인 것이다. 그리고 3장부터 109장까지는 사전적(史傳的) 서사화자가 등장하여 6조의 사실(史實)들을 바탕으로 사건을 서술한 서사적 부분이다.[17] 따라서 <월인곡>에도 <용가>의 물망장에 해당하는 성격의 부분들과 총결이 있었을 것이다. <월인곡>은 다음과 같이 짜여져 있었으리라 본다.

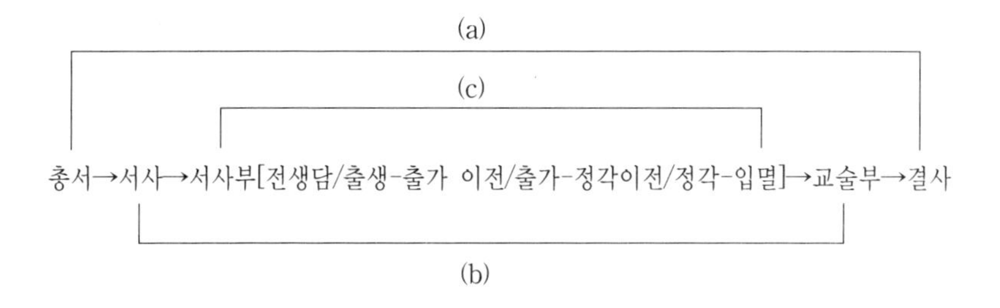

<월인곡>의 장르적 성격을 알기 위해서는 (a) 전체를 분석해야 한다. 현재 결사는 알 수 없으나 석가의 끝없는 공덕을 단정적으로 제시한 총서의 내용을 반복했을 가능성이 크다. (b)와 (c)는 모두 (a)에 포함된 부분들이며 (c)는 (b)에 포함된 부분이기도 하다. 따라서 핵심 부분인 (c)는 <월인곡> 담론의 출발점이다. 즉 석가의 행

17) 조규익, 『선초악장문학연구』, 숭실대 출판부, 1990, 231쪽.

적으로부터 도출되는 교훈이 <월인곡>의 주제의식이며 그 관계는 '(c)→(b)≦(a)'로 표시될 수 있다. (a)는 석가의 공덕 찬양이라는 <월인곡> 전체의 주제를 구현하는 담론이므로 (b)보다 추상적이지만 한 차원 높은 단계에 위치한다. 석가의 행적은 <월인곡>의 장르론적 핵심이며 작품 전체의 주제를 결정하는 원인적 요소이기도 하다. 따라서 <월인곡>은 수미쌍관의 주제구현 방식에 의해 2중의 바깥 틀이 형성되고 그 2중의 틀 안에 서사구조가 숨어, 제시된 주제의 단초를 구현해 보이는 특수한 구조로 이루어져 있다. 그 서사적 부분은 총서와 당부를 구체화시킨 부분인데, 부처의 일생으로부터 당부의 교술 내용을 추출한 것이 '물망' 부분이고 총서의 내용을 반복한 것이 결사의 내용일 수 있다. 따라서 <월인곡>은 '석가모니[혹은 불교]의 위대함'이란 교술적 주제를 드러낸 영웅 서사시다. 즉 석가모니를 영웅으로 부각시켜 그가 제시한 가르침이 불멸의 가치성을 지니고 있음을 공표한 구조가 바로 <월인곡>이라는 것이다.[18)]

이런 가설을 염두에 두고 (c)를 분석해 보기로 한다. <월인곡>의 서사부는 '①전생담/②탄생-출가 이전/③출가-정각 이전/④정각-입멸' 등 네 부분으로 구성된다. ①·②·③·④는 각각 사건이나 행위, 시간적으로 긴밀히 결속되는 부분들이다. 그리고 ①과 ②, ②와 ③, ③과 ④는 각 부분의 내부적 결속에 비해서는 느슨하나 모두 시간 순차나 사건 전개의 인과적 필연성을 바탕으로 연결된다. 이 경우

---

18) 그러나 현재 남아 전해지는 <월인곡> 중에서 내용을 알 수 있는 부분은 '총서, 서사, 서사부 일부[전생담~성도 이후]'에 국한된다. 그런 현실적 한계는 있으나 잔존해 있는 서사부와 총서 및 서사를 분석할 경우 <월인곡> 전체의 내용적 짜임을 밝힐 수 있으리라 본다.

각각의 사건들은 플롯시간 즉 이야기 시간을 근간으로 성립되며, 그 것은 멘딜로우가 제시한 허구적 시간 혹은 의사(擬似) 연대기적 시간과 동일하다.[19] ①·②·③·④ 각각에 나타나는 실제 이야기 사건들의 지속을 살펴보고 그것들 사이에 나타나는 결속의 양상을 분석함으로써 <월인곡> 서사부의 서사적 성격은 분명해지리라 본다.

스티븐 코핸과 린다 샤이어스가 제시한 시퀀스(sequence)의 개념은 <월인곡> 서사를 분석적으로 이해하는 데 긴요하다. 스토리를 구성하는 사건들은 변화의 과정 즉 한 사건에서 다른 사건으로의 변형을 기술하기 위해 시퀀스를 이뤄 배열된다고 한다. 사건들은 독립적으로 발생하지 않고 시퀀스에 속한다. 모든 시퀀스는 최소한 두 가지 사건을 포함하는데, 그 하나는 서사적 상황 내지 명제를 확립하고 다른 하나는 그 최초의 상황을 변경한다고 한다.[20] 특이 시퀀스 내의 사건들은 중심[kernel, 핵] 혹은 위성으로 기능하는데, 중심 사건은 연속적이거나 대안적 사건들의 가능성을 야기하며, 위성 사건들은 자신들이 동반하거나 에워싸고 있는 중심 사건들을 유지·지연·연장시킴으로써 시퀀스의 윤곽을 확대하기도 하고 공백을 메우기도 한다.[21] 비중에 따라 이야기 속 사건들이 중핵과 위성으로 나뉜다는 것은 이미 채트먼도 언급한 바 있다. 그에 의하면 사건들은 이야기 속에서의 비중에 따라 중핵과 위성으로 나뉘며, 중핵들이 생략되면 서사 논리가 파괴된다고 한다. 중핵들이 인과적 필연성에 의해

19) A. A. 멘딜로우, 최상규 역, 『시간과 소설』, 대방출판사, 1983, 81~83쪽.

20) 스티븐 코핸·린다 샤이어스, 임병권·이호 옮김, 『이야기하기의 이론』, 한나래, 2001, 83-84쪽.

21) 같은 책, 85쪽.

연결됨으로써 플롯의 논리가 이루어질 수 있기 때문이다. 이에 반해 플롯의 논리를 파괴하지 않고서도 생략될 수 있는 위성들은 부차적 플롯 사건들로서 중핵들에 의해 이루어진 선택을 완성시키는 역할을 한다.[22] 스티븐 코핸, 멘딜로우, 채트먼 등의 서사 분석 기법을 원용하여 <월인곡>의 서사를 '시퀀스/중핵과 위성'의 구조로 다루어 보고자 한다.

<월인곡>은 다섯 개의 시퀀스들로 이루어졌으며, 각각의 시퀀스는 중핵사건과 수많은 위성사건들의 결합으로 이루어졌다. 각각의 시퀀스는 의미나 규모가 큰 사건들과 자잘한 사건들이 고루 섞여서 이루어지며, 비교적 독립적인 에피소드들도 상당히 많다. <월인곡> 전체의 시퀀스들은 다음과 같다.

1. S1[23](전생담) : 억울하게 죽은 소구담이 대구담에 의해 구담씨로 환생·번성하다
2. S2(태자의 탄생) : 태자(석존)가 탄생하다
3. S3(출가·수행) : 태자가 출가·수행하다
4. S4(정각·중생구제) : 태자가 정각을 이루고 중생을 제도하다
5. S5(입멸) : 석존이 입멸하다

S1은 석존의 전생담으로서 석존 탄생 이전까지의 각종 사건들을 중핵과 위성으로 포함하고 있다. S2는 태자의 신분으로 부귀영화를 누리던 시기 즉 '탄생~출가이전' 시기의 시퀀스이며 크고 작은 규모의 각종 사건들이 중핵과 위성으로 참여하여 서사 구조를 형성한

22) 시모어 채트먼, 김경수 옮김, 『영화와 소설의 서사구조』, 1990, 61~64쪽.
23) 'S'는 시퀀스(sequence)의 S다. S1은 '시퀀스 1'이다.

다. S3은 '출가~정각 이전'의 시퀀스로서 수행하는 과정에서 겪는 갖가지 사건들이 포함된다. S4는 정각으로부터 입멸 이전 시기까지의 시퀀스다. 석존의 신분으로 중생의 제도에 나서면서 겪게 되는 각종 사건들은 이 시퀀스의 의미를 구체화한다. 현재 남아 있는 <월인곡> 안에 S5는 들어 있지 않다. <월인곡> 중·하에 가면 석존 입멸의 시퀀스와 그에 포함되는 각종 중핵 및 위성 사건들이 서술되어 있으리라 본다. <월인곡>의 서사부는 '전생담/탄생~출가이전/출가~정각 이전/정각~입멸 이전'의 4 단계로 나뉘는데, 위에 제시한 다섯 개의 명제들은 시퀀스 각각의 서사적 의미를 압축한 것들이다.

1. S1(전생담) : 억울하게 죽은 소구담이 대구담에 의해 구담씨로 환생 · 번성하다

발단인 3장부터 석가 탄생의 예징을 서술한 18장까지를 전생담이라 할 수 있다. 이 전생담은 다시 몇 부분으로 나뉜다. 오해로 인한 소구담의 죽음이 이야기의 발단이다. 소구담이 도둑으로 몰려 당한 죽음은 500년 전에 지은 죄의 응보였다. 스승 대구담이 소구담의 피 묻은 흙을 파온지 열 달 만에 왼쪽 피는 남자가 되고 오른 쪽 피는 여자가 되자 구담씨(瞿曇氏)로 성을 붙여 주었는데, 이것이 석가씨 전세상의 성(姓)이었다 한다. 말하자면 4장이 바로 석가씨의 유래담인 것이다. '소구담-감자씨-대구담'으로 이어지는 계통과 석가모니 탄생에 대한 보광불 예언의 사실은 5장의 내용이며, 그 예언을 구체화 시키는 사건이 '6~8장'에 전개된 구이(俱夷)와 선혜(善慧)의 결연이다. 선혜의 공덕이 원인으로 제시되는 내용이 6장이고, 그 공덕에 대한 보답으로 선혜에게 수기(授記)한 것이 7장이며 그 결과로 구이와 선혜가 부부로 맺어진 사실이 8장에 나타나 있다. 8장의 후단에는 선혜의 다섯 가지 꿈으로 인해 보광불의 수기가 밝아졌고, 그 결과 아승기겁을 지난 오늘날 세존이 된 사실 또한 서술되어 있다. 따라서 선혜와 구이가 만나는 사건을 통하여 석존 정각의 원인을 제시한 내용은 5장~8장으로 마무리된다.

9장~13장은 이에 대하여 부연한 내용이다. 석존 출현의 징조를 예언한 것이 9장이고, 석가씨 조상의 유래를 서술한 것이 10장이며, 고마왕 둘째 부인의 넷째 아들인 니루[그 후손이 석가씨]의 시련과 영광을 서술한 것이 11장이다. '선혜의 선행→석가씨 종족의 번성→석가불이 가비라국에 내려 시방세계에 불법을 펴게 된다'는, 일련의 사건 전개를 통해 석가 탄생의 예징을 서술한 것이 12장이고, 석가의 탄강은 제천의 흔쾌한 지지와 기쁨 아래 이루어진 일임을 서술한 것이 13장이다.

14장~18장은 선혜가 마야부인에게 입태된 후 갖가지 징조들을 거쳐 신이한 탄생 직전까지의 사건들을 서술한 부분이다. 천신하강 모티프[24]를 서술한 것이 14장으로서 도솔천에 있던 선혜가 도솔궁으로 내려와 마야부인의 태 안으로 들어간 사건이다. 마야부인의 태몽과 함께 해몽을 통해 성자의 출생과 출가성도를 예언한 내용이 15장이고, 제천과 제불이 힘을 합해 석가 탄생 이전의 위업을 행한

24) 모티프는 우리 학계에서 '화소'로 번역해 쓰는 말이지만, 조희웅에 따르면 그것이 'element/zug' 등과 혼동될 염려가 있다고 한다. 여기서는 조희웅의 견해에 따라 그냥 모티프로 쓴다. 조희웅, 『증보개정판 한국설화의 유형』, 일조각, 1996, 3~4쪽.

사실을 서술한 것이 16장이다. 출산의 길조나 석가 탄생의 예징을 그린 17·18장을 거쳐, 결국 19장에서 석존은 '신이한 탄생'을 하게 된다. 전생의 예언이나 예징이 석가의 탄생으로 입증되었으므로 이 부분을 전생담의 결말이자 현생담의 출발이라고 할 수 있다.

연관과 위계(hierarchy)의 논리로 연결되는 서사적 사건들은 중요도나 비중의 면에서 주요한 것들만이 '우연성'이란 이야기 사슬의 부분이 되며 여타의 사건들은 연결 고리에서 비껴나 있거나 보조적인 기능에 그치고 만다.[25] 서사적 주체와 객체가 등장하여 이루는 사건들은 담화의 방식에 의해 플롯으로 전환되고, 플롯은 이야기의 논리에 의해 진행된다. 따라서 서사적 진술이 과정의 성격을 띠건 묘사의 성격을 띠건 인물들의 행동이나 우연히 발생한 일 등 서사적 차원의 사건들은 모두 상태의 변화를 전제로 한다.

석존의 전생담인 S1 역시 중핵과 위성들로 구성되어 있다.

(1) 억울하게 죽은 소구담이 대구담에 의해 구담씨로 환생, 번성하다.
(2) 아득한 후세에 석가모니 될 것을 보광불이 예언하다.
(3) 구이가 보광불에게 발원하여 선혜와 결연하다.
(4) 니루가 출분하여 석가씨가 출현하다.
(5) 마야부인에게 몽조가 나타나다.

이 사건들 가운데 (1)은 중핵이다. (2)·(3)·(4)는 (1)에, (5)는 다음 단계의 중핵인 '태자 탄생'에 각각 소속되는 위성들이다. 이 사건들은 <월인곡>의 서사적 주체인 석가모니 출생의 근원을 밝히고 있다는 점에서 <월인곡>전체의 발단에 해당한다. 이 사건들을 기준으

25) 시모어 채트먼, 앞의 책, 61쪽.

로 할 경우 전생담은 '왕이었던 소구담의 억울한 죽음→석가씨 출현···→석가모니 탄생'이라는 세 부분의 순차적인 사건이 중심내용으로 연결된다. 보광불이 아득한 후세에 석가모니 나실 것을 예언한 일은 원인에 대한 결과의 예시로서 보다 중요한 위치에 놓이지만, 원인으로 제시된 '소구담의 억울한 죽음'보다는 비중이 덜하다. 소구담의 죽음으로 석가씨가 출현하게 되었는데, 그 과정에서 석가씨 출현을 예언하고 구이와 선혜가 결연토록 만든 보광불의 역할은 무엇보다 결정적이다. 외도인 5백 명이 선혜의 공덕을 입고 제자가 되어 은돈을 바쳤으며, 꽃 파는 여자 구이는 선혜의 뜻을 알고 부부가 되고자 하는 발원으로 보광불에게 꽃을 바쳤다. 선혜의 공덕은 원인이고 선혜와 구이를 결연시킨 일은 이에 대한 보광불의 보답이었다. 둘의 결합으로 오늘날의 석존이 출현하게 되었음을 밝히고자 한 것이 S1의 핵심이다.

위에 제시되지는 않았으나 (1)에 포함되는 위성들은 '임금 자리 버린 소구담이 정사에 앉아 있었는데, 오백세 전의 원수가 나라의 재물을 훔쳐 정사 앞을 지나감/나라에서 소구담을 도둑으로 오인하여 잡아 나무에 꿰어 죽게 함' 등이다. 소구담은 세속적 권력의 상징인 왕위를 버리고, 억울하게 죽음을 당했다. 문면에는 왕위를 버린 일과 죽음을 당한 일이 우연히 일어난 것으로 그려져 있지만, 소구담이 왕위를 버리지 않았다면 잡혀 죽었을 이치가 없다는 점에서 두 사건은 인과적 필연성으로 연결된다. 세속적 욕망이나 어리석음이 비극을 초래한다는 가르침을 그 서술은 내포한다고 볼 수 있다. 그러나 소구담은 석가씨 전세상의 성(姓)인 구담씨로 환생했다. 이러한 '왕위의 버림/억울한 죽음'은 투쟁에서의 승리나 시련 극복의 영웅적 의미를 극대화시키기 위한 서사적 장치로 보아야 할 것이다. '원수들의 도둑질·소구담의 무고한 죽음' 등의 사건은 '구담씨 환생'이라는 중핵을 초래한 원인적 사건들이자 위성들임은 이런 점에서 설득력이 있다. 석가모니 출현에 관한 보광불의 예언인 (2)는 위성으로서 규모는 작지만 사실상 석가모니 일대기에서 가장 중요한 단서로 빛을 발하는 부분이다. 외도인 5백인의 선행, 구이가 선혜와 부부 연을 맺고자 보광불에게 꽃을 바친 사건, 선혜의 이적에 대한 천룡팔부의 찬탄·선혜의 공덕에 대한 보광불의 수기 등은 (2)에 속하는 하위체계의 위성들이다.[26] 그 과정을 거쳐 나타난 선혜와 구이의 결연이 8장이고, 징조를 예언한 9장과 석가씨 조상의 유래를 설명한 10장은 8장에 속한 사건들이다. 특히 10장에서는 정반왕의 100대 조상인 고마왕의 넷째 아들이 니루임을 제시했고, 그로부터 미래의 석가씨가 나왔음을 설명했다. 처·첩 간, 형제간의 다툼으로 시련을 당한 니루가 백성들의 지지를 받음으로써 결국 아버지인 고마왕의 인정을 받았고 석가씨를 출현시켰으며 결과적으로 석가모니를 탄생시킨 것은 보다 큰 사건인 (4)에 해당한다. 사건 (4)[10·11장]에 속한 위성들은 12·13장으로서 석가여래의 탄생을 둘러싼 인과의 설명 부분이다. 즉 '선혜의 선행→석가씨 종족의 번성→석가불이 가비라국에 내려 시방세계에 불법을 펴려 하심→석가모니불 탄생의 예징'[12장], '석가여래의 탄강은 제천의 흔쾌한 지지와 기쁨 아래 이루어진 일임'[13장] 등이 (4)에 관한 위성들로 서술되었다. 그러다가 탄생이 가까워지면서 마야부인에게 나타난 몽조 (5)는 또 하나의 비

26) 위성들 간에도 서사적 의미의 비중에 따라 상·하의 위계(hierarchy)는 존재한다.

중 있는 사건으로 거론될 만하다. 마야부인의 꿈에 부처가 흰 코끼리를 타고 오른쪽 겨드랑이로 들어오는 광경이 선명하게 나타난 것이 15장의 내용이다. 성자가 태어날 것이며 그가 출가하여 정각을 이룰 것이라는 메시지가 그 부분의 주지(主旨)다. 해몽의 모티프를 통하여 석가모니의 출생을 극적으로 예언한 것이 바로 이 부분이다. 그런데 14장에서 이미 석가모니로 환생할 보살 선혜가 흰 코끼리를 타고 마야부인의 태 안으로 들어갔으며, 온 세계에 광명이 가득하고 제천이 뒤따라오며 천악을 아뢰고 꽃을 뿌려 현란하기 그지없었던 사건을 노래했다. 따라서 (5)[15장]에 속한 사건이 14장의 내용을 지칭한다고 볼 수 있다.

2. S2(탄생-출가이전) : 태자(석존)가 탄생하다

탄생의 사실이 서술되는 19장부터 석존의 현생담은 시작된다. 전생의 예언이나 예징이 석가의 탄생으로 입증되었으므로 이 부분이 전생담의 결말이면서 현생담의 시작인 셈이다. 석가모니의 탄생은 말 그대로 '신이한 탄생'이다. 신이한 탄생은 <월인곡>이 일단 영웅서사시의 성격을 지녔음을 나타낸다. '신이한 탄생[고귀한 혈통을 타고 태어났다/잉태나 출생이 비정상적이었다]'을 포함한 영웅적 주인공의 일대기는 「주몽」 등 건국신화, 「궁예」 등 국조전설, <바리공주> 등 서사무가, 「홍길동전」 등 고소설, 「혈의 누」 등 신소설에 걸쳐 공통적으로 나타난다.[27] 따라서 석가모니의 일대기인 <월인곡> 역시 영웅서사의 틀에서 벗어날 수 없었을 것이다. 서사 전체의 결

27) 조동일, 영웅의 일생, 그 문학사적 전개, 『동아문화』 10, 서울대 동아문화연구소, 1971, 165쪽.

말인 석가모니의 성도를 위한 준비는 이미 이 단계에서 마련되었다고 할 수 있다. '전생담/탄생~출가이전/출가~정각 이전/정각~입멸' 등 몇 단계의 시퀀스가 결합된 것이 석가의 일생담인 <월인곡>의 구성이다. 각각의 시퀀스 안에는 중핵들과 위성들이 서술되어 있으며, 다양한 내용의 에피소드들 또한 반복적으로 출현한다.

사실 19장에서 51장에 이르는 부분은 탄생으로부터 출가 직전까지의 이야기들이다. 석가 탄생이후 출가에 이르기까지의 사건들은 단순하다. 정반왕의 태자로서 호화로운 세속의 삶을 살다가 특별한 계기를 만나 개안을 함으로써 세속을 떠나게 된다는 것이 그 정황적 가능성의 전부이기 때문이다. 이 부분이 큰 규모의 사건인 중핵과 복잡하고 자잘한 위성들이나 기타 독립적 에피소드들로 얽혀 있는 것도 그 때문이다. 에피소드란 하나의 서사물 안에서 이야기될 수 있는 하나 혹은 두 개의 사건들로서,[28] 주제나 플롯에 엄격히 관련되지 않는 제재이기도 하고,[29] 하나의 갈등이 시작되어 해결되기까지[30]를 말하기도 한다. 따라서 이 경우 에피소드는 플롯이나 주제에 대한 접근성이 떨어지는 경우의 자잘한 사건들을 지칭하는 것으로 이해될 수도 있다.

이 부분은 두 개의 큰 이야기들[두개의 하위 시퀀스들]과 그에 따르는 사건들[중핵/위성]로 구성된다. 다시 말하여 성인의 징표를 나

28) 제랄드 프랭스, 최상규 역, 『서사학-서사물의 형식과 기능』, 문학과 지성사, 1988, 101쪽 참조.

29) J. A. Cuddon, A Dictionary of Literary Terms and Literary Theory, Blackwell Publishers Ltd., 1998, p.226, 278.

30) J. L. Fisher, The Sociological Analysis of Folktales, Current Anthropology 4 No.3., 1963. pp.235~295. 조희웅, 앞의 책, 5쪽에서 재인용.

타내는 사건들, 태자의 출가를 두려워하는 정반왕의 근심에 관한 이야기 등이 그것들이다. '정거천이 태자로 하여금 출가성불의 의지를 굳게 하는 이야기'도 있으나, 비중으로 보아 앞의 두 사건으로부터 독립시켜도 좋을 정도는 아니다. 우선 성인의 징표를 나타내는 사건들을 살펴본다.

(1) S2 · 1 : 성인의 징표를 나타내는 사건들

20장~26장은 석가모니 탄생 이후 성인의 징표를 나타내는 상서나 그에 관련된 사건들이 서술된 부분이다. 20장은 이 부분의 중핵으로 탄생하자마자 주행칠보(周行七步)하면서 '천상천하유아독존'을 외친 사건, 제천이 산아를 구완하고 구동이 향수로 그 몸을 씻긴 사건, 제석범왕이 천의로 싸 안은 사건 등을 노래했다. 21장은 성인 징표의 구체적 현상으로, '천상천하유아독존'을 외친 후 삼계가 모두 수고로우므로 장차 이를 편안케 하겠다하니 천지가 모두 반겼다는 사실과 온 나라가 광명천지로 변했다는 사실 등을 서술한 부분이다. 22장에서는 20장과 21장의 흐름이 약간 바뀌어 지지자[천룡팔부]와 반대자[마왕]가 동시에 등장함으로써 갈등이 암시된다. 그 점은 23장에 이르러서도 지속된다. 즉 스물여덟 대신(大神)들이 태자를 모시는 등 외부세계에서는 태자의 탄생을 축복했으나 정반왕만은 기뻐하면서도 한편으로는 두려워 했다고 함으로써 태자의 미래에 대한 불안감이나 갈등을 암시했다.

그러다가 24장에 이르면 상서가 서술된다.[31] 24장의 상서들은

31) 석존이 태어나던 날 다른 나라 왕들이 모두 아들을 낳았고, 오천이나 되는 청의(靑衣)들도 오천의 역사(力士)를 낳았으며, 팔만사천의 장자들이 아들을 낳았

22·23장에서 제시된 갈등과 불안감을 초극하려는 장치였다. 태자와 같은 날 태어난 망아지 건특은 천마로서 하늘과 교통하는 신성한 영물이다. 6도 윤회 중인 관세음보살 현신 중의 하나인 마두관음은 축생도(畜生道)를 교화할 때의 현신모습이다. 뿐만 아니라 '영웅과 말'은 전통적으로 영웅신화나 전설에 보편적으로 등장하는 모티프다.[32] 이처럼 영웅 등극을 위해 말은 필수적인 존재였다. 영웅으로의 등극은 석가에게 성불을 의미하고, 성불을 위해서는 세간을 떠나야 했으며, 세간을 떠나기 위해서는 말이 필요했다. 그 때 탄생과 함께 발생한 상서의 하나로 건특이 태어났으니 전통적인 '용마전설의 변이형'으로 볼 수 있다. 보편적으로 영웅의 탄생과 용마의 등장은 병행하는 상서다. 그러나 거의 모든 경우 영웅은 살해되고 용마 또한 죽게 되니 비극적인 결말임에 틀림없다. 사실 영웅과 용마는 지상세계에 새로운 질서를 구축하기 위한 두 주역이다. 그러나 기존 질서를 보수하려는 지배계층과 새로운 질서를 열고자 하는 영웅의 의지는 충돌을 빚고, 대개의 경우 영웅의 의지는 좌절된다. 태자는 분명 영웅으로 태어난 존재이고, 건특은 그에 맞추어 출현한 용마였다. 대부분 좌절된 영웅의 이야기인 '용마전설'에서 아기장수의 부모 역시 임금을 정점으로 형성되는 지배계층과 이해를 함께 하는 존재

고, 석가 씨 일가 오백도 오백의 아들을 낳았으며, 코끼리와 말도 흰 빛의 새끼를 낳았으며, 양과 소도 오색 빛 찬란한 오백의 새끼를 낳았고, 마구간의 말들도 팔만사천의 망아지를 낳으니 빛이 희고 갈기에 구슬이 꿰어져 있는 말도 태어났는데, 이 말이 바로 건특(騫特)이었다. 이런 모든 것들이 태자의 탄생과 함께 나타난 상서들이다.

32) 한국문화상징사전편찬위원회, 『한국문화상징사전』, 동아출판사, 1992, 258~263쪽.

들이다. 태자의 아버지 정반왕 역시 그러한 입장이었다. 정반왕은 태자가 세속적인 의미에서 자신의 지배권을 이어받길 원하지만, 태자가 세속을 등질 경우 자신의 세속적인 지배권이 종말을 고하리라는 불길한 예감을 갖게 되었다. 이처럼 '태자와 건특'이 태자의 상대역인 정반왕의 세속적 열망을 좌절시켰다는 측면에서 또 다른 '용마전설'의 장본인으로 이해될 수 있다.

그러다가 다시 25장에서는 상서가 등장한다. 즉 범지와 상사가 부처의 덕을 기려 만세를 불렀으며, 향산의 우담바라가 꽃을 피웠다는 내용이 그것이다. 25장의 상서는 24장의 그것을 바탕으로 한 단계 상승된 성격의 것들이다. 24장이 성불을 위한 준비단계의 상서라면 25장의 그것들은 성불에 대한 보증의 의미를 지닌다고 보기 때문이다. 그러다가 26장에 이르면 앞부분에서 나타난 상서들의 의미가 종합된다. 석가의 탄생과 함께 나타난 상서들[25장까지 찬송된]이 하도 많아 그것들을 이루 다 말할 수 없다는 것이다. 탄생에서 출가 이전까지의 부분에서 이 이야기는 진행과정 중 구체화될 석가의 일생을 암시하는 단서들이다. 그래서 가장 핵심적이다.

(2) S2 · 2 : 태자의 출가를 두려워하는 정반왕의 근심에 관한 이야기

이야기 (1)[20장~26장]을 이어 이 부분에서는 몇몇 위성들이 제시된 다음, 태자가 출가할까봐 두려워하는 정반왕의 근심이 중핵으로 제시된다. 바라문의 여러 상사(相師)와 선인들이 태자의 호상을 들어 일체의 종지를 이루거나 성도할 것을 예언하자 태자의 출가를 두려워 한 정반왕은 태자가 출가의 마음을 내지 못하도록 칠보 전각을 짓고 오백의 절세미인들로 하여금 좌우에서 모시게 했다는 이야기가 바로 이 부분의 발단인 33장이다. 그리고 관정식[태자 즉위식] 이야기인 34장과 태자의 명민함을 서술한 35장 등이 중핵에 부수된 위성들이다. 고대 인도에서 임금이 즉위하거나 태자가 책봉될 때 4해의 물을 길어다가 머리에 붓는 의식이 관정식이었던 만큼, 표면적으로 그것은 세속적인 의미의 행사였으나 이면적으로는 그가 정각의 위치에 오를 것을 암시하는 사건이기도 하다. 원래 관정식은 수도자가 일정한 계위에 오를 때 받는 자의 정수리에 향수를 붓는 의식이었다. 앞에서 '태자와 건특'은 태자가 세상을 구제하는 성왕으로 등극하기 위한 결합으로 출현했으나, 정반왕의 세속적 욕망을 좌절시킨 또 다른 '용마전설'의 주인공이었던 것처럼, 34장 역시 단일한 관정식이었으나 그 의미는 세속과 탈세속의 이중성을 공유한 경우로 이해될 수 있다.

뒤이어 35장에서는 태자의 명민함과 위대함을, 36장은 33장의 반복으로 태자 출가에 대한 정반왕의 근심을, 37장에서는 태자가 태자비에게 계명(戒銘) 건넨 사실을 각각 노래함으로써 정반왕과 태자의 갈등이 고조되는 내용의 흐름을 보여준다.

정반왕이 태자를 의심하게 됨으로써 둘 사이의 갈등은 더욱 고조된다. 그 의심은 두 가지 측면에서 생겨난다. 즉 태자가 세속의 권력을 포기하고 출가할지도 모른다는, 미래 시간대에 대한 의구심이 그 하나였고, 세속적인 왕자(王者)로서의 징표를 뚜렷이 확인할 수 없는 데서 오는 현재 시간대의 불안과 의구심이 또 다른 하나였다. 대체로 전자는 태자가 정각을 이룬 후 정반왕이 태자에 대한 세속적 욕망을 포기할 때까지 지속된 갈등이었으나, 후자는 태자의 영웅적 면모를 확인함으로써 쉽게 해결된 문제이기도 했다. 38장부터 41장까지는 태자가 세속적인 영웅의 징표들을 보여준 에피소드들이다. 38장은 그 첫 이야기로서 영웅성의 전통적 지표인 '활쏘기'의 모티프를 노래한 부분이다. 활쏘기의 모티프는 신화에 자주 등장하는데, 주인공의 신성성과 영웅성을 부각시키기 위한 방편이었다. 주몽과 유리 부자는 뛰어난 활솜씨를 지닌 영웅들로서 창업을 했거나 왕위를 이었으며,[33] <용가>[도조·태조]의 경우도 도처에 활쏘기의 모티프가 등장인물들이 지닌 영웅성이나 왕자(王者)가 갖추어야 할 자질의 징표로 나타나 있다. <월인곡>에 등장하는 활쏘기 모티프도 원래의 석가모니 사적과 우리 고유의 전통이 합쳐져 이룩된 서사체의 편린이다.

38장에서 태자를 사위로 삼으려는 집장석이나 정반왕 모두 태자의 재주를 의심하자 태자 스스로 그런 의심을 풀기 위해 나라 사람들을 모아놓고 자신에게 원한을 갖고 있는 제파달다(提婆達多)와 활쏘기를 겨루기로 했다. 여덟 살 난 태자가 뜰에서 활쏘기를 익힐 때 제파달다가 한 마리의 기러기를 쏘아 태자가 있는 뜰에 떨어뜨렸다. 그러자 태자는 화살에 연유액을 발라 그 상처를 치료해 주었다. 제파달다가 그 기러기를 돌려 달라 하자 태자는 보리심으로 이 기러기를 받은 것이니 돌려 줄 수 없다고 거절하므로 제파달다는 태자에게 원한을 품었고, 서로 경쟁하는 관계로 바뀌었다. 일단 활쏘기 경쟁을 통하여 제파달다는 대상을 '죽이는' 능력을 보여주었고, 태자는 '살리는' 능력을 보여 줌으로써 자비와 보리심의 실체를 구현한

33) 이규보, 「동명왕편」, 『국역 동국이상국집 I 』, 민족문화추진회, 1984, 127~143쪽.

셈이다. 말하자면 세속적 영웅의 징표를 뛰어넘어 성인의 단서와 가능성을 보여준 데 활쏘기 모티프의 진의가 숨겨져 있었던 것이다. 40장과 41장도 활쏘기에 관한 에피소드들이다. 난타(難陁)와 조달(調達) 등 석가씨와 장사들 오백여명이 모여 재주를 겨루고 활 솜씨를 겨루는 마당에서 태자는 일곱 개의 금고(金鼓), 일곱 개의 은고(銀鼓), 일곱 개의 동고(銅鼓), 일곱 개의 철고(鐵鼓)를 꿰뚫었다. 화살이 그 북들을 꿰뚫고 나가 박힌 자리에는 우물이 솟았는데, 뒷사람들은 이 우물을 '전정(箭井)'이라 했다는 사실이 40장의 내용적 근거다. 또한 일곱의 쇠북을 뚫고 나온 화살이 땅에 들어가 단술이 솟는 샘이 되어 중생을 구제했고 그 화살이 다시 대철위산을 뚫고 지나갔으므로 제천이 탑을 지어 태자의 공덕을 길이 유전(流傳)하게 하고 그 날을 전절(箭節)이라하여 영원히 기렸다는 사실이 41장의 내용이다. 40·41장에서 화살이 단순히 북을 뚫는 데만 그쳤다면 그것은 세속적인 영웅의 징표에 머물렀을 것이다. 우물이나 단술의 샘을 솟아나게 하여 중생들의 갈증을 해소시킨 결과는 인류 구제의 숭고한 뜻을 구현한 성업으로 보아야 한다.

태자가 결혼 후 선관(禪觀)을 닦아 비와 잠자리를 같이 하지 않은 사실을 언급한 것이 42장인데, 이 부분의 에피소드는 활솜씨를 통해 영웅성을 보인 부분들의 내용과는 다르지만, 출가 성불을 전제로 한 행위라는 점에서는 앞의 영웅적 행적들과 상통한다. 43장과 44장에서는 태자로 하여금 깨달음의 계기를 통하여 출가성불의 의지를 굳게 해준 정거천(淨居天)의 활약이 서술된다. 이 부분들은 출가를 우려한 정반왕의 근심과 맞먹는 중핵들이다. 43장에서는 태자가 궁성 밖 농부를 보게 되었을 때 정거천이 일부러 벌레로 변하여 쟁깃날에 뒤쳐지거나 나는 새에게 쪼아 먹히는 모습을 보여줌으로써 태자로 하여금 윤회의 무상을 느끼게 만든 것이 43장의 내용이고, 정거천이 태자로 하여금 노병사고(老病死苦)를 깨치게 하여 출가 성불의 의지를 더욱 굳게 만든 내용이 44장이다. 따라서 이 두 장들은 태자로 하여금 출가성불의 뜻을 꺾으려 노력하던 정반왕의 의지와는 정반대의 내용으로 이루어져 있다.

이런 단계들을 거쳐 태자가 정반왕에게 출가학도(出家學道)의 의지와 별리(別離)의 불가피함을 아뢴 것이 45장이다. 그러나 정반왕은 눈물을 흘리며 태자의 요청을 허락하지 않고 태자가 성 밖으로 나가지 못하도록 막았다. 말하자면 성과 속의 세계관적 갈등을 첨예하게 드러낸 것이다. 46~49장은 모두 45장의 위성들로서 정반왕과 태자의 다른 생각을 보여주는 내용이다. 46장은 출가의 의지를 굳힌 태자가 부왕에 대한 효심으로 후사를 잇기 위해 태자비 구이의 배를 가리키니 구이가 임신하여 뒤에 아들 라운을 낳게 되었다는 사실을 서술했다. 그러나 그 때에도 태자비 구이는 정반왕의 뜻을 받들어 태자의 출가를 막으려 했다. 삼시전에 온갖 아름다운 채녀들과 풍류를 베풀어 태자의 출가를 막으려는 정반왕. 그에 맞서 아름다운 여인들과 음악을 싫어지게 함으로써 출가성도만이 괴로움을 면하는 길임을 깨우치려는 정거천의 신통력을 대조적으로 서술한 것이 47장이다. 태자가 출가하지 않고 많은 아들들을 두고 천하를 다스렸으면 하는 정반왕의 세속적 욕망과 출가 성불하겠다는 태자의 거룩한 소망을 대조하여 서술한 것이 48장이며, 한 채녀가 태자를 연모하여 말리화만(末利花鬘)을 태자의 목에 감아주고 교태를 부려도 태자는 동요하지 않은 사건을 서술한 것이 49장이다.

45장은 부자갈등 혹은 성·속의 갈등이고 46장은 부부갈등 혹은 성·속의 갈등이며 47장~48장은 부자갈등이다. 49장 또한 이야기에 등장하는 채녀가 정반왕의 뜻에 따른 것이라면 부자갈등의 연속으로 보아야 할 것이다. 그런 단계를 거쳐 50장에서 출가 준비가 구체화되며, 천신이 하늘의 풍류를 들려주는 등 태자의 출가를 예고하는 51장에서 이 단계의 내용은 마무리된다. 태자가 출가하려 하자 태자의 몸에서 상서로운 광명이 뻗쳤고, 그를 본 제천이 내려오고 또한 오소만(烏蘇慢)이 내려와 성 안의 사람들을 잠들게 하는 등 출가에 필요한 준비를 한 것이 50장의 구체적인 내용이며, 태자의 출가 의지가 굳어 정반왕이 이를 꺾고자 애썼으나 뜻을 이루지 못했고 천신 또한 하늘의 풍류로 태자의 출가를 노래했다는 것이 51장의 내용인 만큼 이 부분들도 이면적으로는 부자갈등의 연속임을 알 수 있다. 51장은 출가를 결심한 태자와 이를 말리려는 정반왕, 중간에서 태자를 도와 출가시키려는 제천 등 두 주체와 하나의 조력자가 등장하여 마무리되는 에피소드들의 집합이다. 부자갈등도 이 부분으로 종결되고 52장부터는 새로운 단계의 이야기가 펼쳐진다.

3. S3[출가~정각 이전] : 태자가 출가 · 수행하다

52~85장까지가 S3에 해당하는 부분이다. 물론 중간 중간 플롯과는 상관없이 다양한 에피소드들이 끼어듦으로써 완벽한 서사구조로 이루어지지는 않았으나 출가로부터 정각을 지향하는 서사의 흐름은 비교적 일관된 모습을 보여준다. 51장까지 부자갈등 속에서 제천의 도움으로 출가 준비를 끝낸 태자가 자신과 한 날 한 시에 태어난

차익(車匿)과 건특(蹇特)을 데리고 출가를 결행하는 것이 중핵인 52장이다. 태자가 출가하기로 결심하니 몸에서 저절로 방광하여 제천을 비추었고, 제천은 태자에게 절하며 '무량겁 전세에서 수행하신 행원이 이제 성숙했다'고 아뢰자 자신의 행원이 이루어져 중생을 구제하지 못하면 다시 가비라성에 돌아오지 않겠노라고 태자 스스로 맹세한 것이 53장인데, 52장의 내용을 보충하여 서술한 사건이다. 54장은 세속의 공간으로부터 고행의 공간으로 넘어가는 입사의 순간을 서술한 부분이다. 태자는 '자신의 출가가 지난날 모든 부처들의 그것과 같다!'고 사자후로 외치면서 한밤중 가비라성을 넘었고, 사천왕이 천마의 네 발을 받들어 북문을 나가 허공을 날아 발가선인(跋伽仙人)의 고행림에 도달했던 것이다. 말하자면 그 순간 태자는 속계로부터 탈속계로, 세속적 행복에서 고행으로 입사한 셈이다. 52~53장은 출가 순간의 상황을 서술한 부분들이며, 54장은 입사의 순간을 그려냈다는 점에서 마찬가지로 중핵이다. 55장에서는 새로운 공간에 입사한 태자의 변신을 서술했다. 즉 발가선인의 고행림에 도착하여 칠보검으로 머리를 깎음으로써 일체의 번뇌와 습장(習障)을 단제코자 발원했으며, 차익에게 보관(寶冠)과 영락(瓔珞)을 보내어 세속의 공간에 남아있던 사람들에게 태자에 대한 집착과 번뇌를 끊도록 했다. 세속으로부터 탈 세속으로, 행복으로부터 고행으로의 이동과 태자로부터 수도자로 변신한 것은 의미상 동격이다. 태자로서는 속계에 남아 있는 지인들에게 자신의 입사와 변신의 결과를 알려줌으로써 이미 기정사실화된 변화를 인정받을 필요가 있었다. 그런 사건을 기술한 것이 56~57장의 내용이다. 차익으로부터 보관과 영락을 전해 받은 태자비 야수는 목 놓아 울었고, 정반왕 또한 몹시 슬퍼했다. 뿐만 아니라 성 안은 온통 울음바다로 변했다. 그러나 내용의 인물들 중에는 이들 세속인과 다른 존재들이 들어 있었다. 제석과 정거천이 그들이었다. 고행림의 제석은 태자의 깎은 머리를 탑 속에 감추었고, 정거천은 사냥꾼으로 화하여 태자의 칠보의와 바꾸어 입었다. 말하자면 속과 성의 가치관을 대비시킴으로써 태자 주변의 인물들이 아직도 태자의 거룩한 뜻을 받아들이지 못하고 있음을 드러내고자 했으며, 동시에 태자가 고행을 거쳐 성도하기까지 많은 고난을 겪어야 하듯이 이들이 깨달음을 얻기까지에도 많은 어려움이 있을 것임을 예고하고자 했다. 말하자면 55~57장은 세속적 이별의 슬픔을 그려낸 부분이며, 그 슬픔은 성도와 정각의 이룸을 통해 극복될 수 있으리라는 암시가 내면에는 깔려 있다고 할 수 있다. 이 부분에 세속적 이별의 슬픔을 강조해놓은 것은 <월인곡>의 제작 주체인 세종의 심상을 반영하기 위한 것으로 보인다. 세종은 두 아들과 소헌왕후의 죽음으로 지극한 슬픔을 맛본 터였기 때문이다.

다시 태자의 수행 장면으로 돌아간 것이 58장이다. 태자는 고행림에서 아람선인(阿藍仙人)의 처소에 나아가 초선(初禪)·제2선·제3선·제4선을 얻고, 가란(迦蘭)의 처소에 나아가 논의와 문답으로 선정을 닦았으며, 울두람불(鬱頭藍弗)에게 가서 해탈의 경지인 비상비비상처(非想非非想處)의 현묘한 선행을 익혔다. 그리고 그 수행에 관한 서술은 59·60 등 두 개의 장들을 뛰어넘어 61장으로 연결된다. 59장과 60장에서는 태자비와 그의 아들 라운의 전생담, 기아모티프가 서술되고 있다. 말하자면 태자가 고행에 들어감으로써 속세에 남겨진 태자비와 그의 아들이 겪게 되는 고초를 서술하는데, 이것들은 모두 58장에 속한 구체적 사건들이다. 태자가 출가하면서 태자비의 배를 손으로 가리킨 지 6년 만에 아들 라운이 출생했다. 태자비 야수가 부정을 의심받자 라운을 돌 위에 누이고 못가에 가서 천신에게 축원하되 태자의 아들이 틀림없거든 이 아기가 물 위에 떠서 나의 억울함을 풀게 하라 하고 물 속에 들이미니 아기가 물 위에 떠서 가라앉지 않았다 한다. 일반적인 사례와는 좀 다른 면을 보이긴 하지만, 이것 역시 어린 아이에게 가해지는 일종의 기아 시련일 수 있다.[34] 태자는 고행림에서 고초를 받고, 태자비와 그의 아들 라운은 속세에서 고초를 받는다는 사실을 서술하고 있다. 태자가 속세를 떠났으므로 속세에 남겨진 처자식은 방패막이가 없어진 셈이다. 따라서 그들이 고초를 겪는 것은 자연스러운 일이며 그것은 고행림 속에서 태자가 당하는 고통과 등가적인 것이기도 하다.

61장에서 다시 태자의 고행 장면으로 돌아간다. 태자가 가사산(伽闍山)에서 6년간 고행하면서 겪는 참상을 교진여(憍陳如)가 정반왕·태자의 이모·태자비에게 전하자 슬퍼하며 태자의 시봉에 필요한 물건을 보냈으나 태자는 받지 않았고, 교진여는 태자의 시봉을 들게 되었다는 것이 그 내용으로 58장의 뜻을 보여주기 위한 구체적 사건인 셈이다. 62장 역시 위성으로서 61장의 연속이며, 고행의 구체적인 상황을 보여주는 부분이다. 연속되는 고행의 종료를 예고하는 부분이 63장이다. 즉 출가 후 6년 고행을 마쳐갈 즈음 니련선하(尼連禪河)에서 목욕을 하고 나오자 큰 나뭇가지가 스스로 굽어져 태자는 이를 의지하고 나올 수 있었으며, 태자가 보리수 있는 곳으로 가려하자 정거천이 내려와 장자의 딸 난타바라(難陀婆羅)에게 공양

---

34) 스티스 톰슨, 윤승준・최광식 공역, 『설화학원론』, 계명문화사, 1992, 148쪽·172쪽 참조.

▲보리수 아래서 고행중인 석가모니의 모습을 그린 그림

할 것을 권하자 연꽃 위의 유미(乳糜)로 죽을 쑤어 바치니 태자가 받아먹고 기력을 회복했다는 사실을 노래한 내용이다. 이처럼 태자의 고행을 순차적으로 서술한 부분이 '61→62→63장'이다. 그 다음의 '정각(正覺)·성도(成道)·성불(成佛)'이 예고된 64장부터 정각을 이룬 사실을 서술한 74장까지는 성불에 즈음하여 나타난 이적들을 주된 내용으로 하고 있다. 64장은 처음으로 정각의 조짐을 보였다는 점에서, 74장은 정각을 이룬 사실을 밝혔다는 점에서 모두 중핵으로 볼 수 있는 내용들이다. 65장부터 그 구체적인 이적들이 서술된다. 제불보살이나 팔만부처·제석 등 태자의 성불을 위한 조력자도, 마왕 파순(波旬)같은 방해자도 등장하여 태자의 성불을 극적으로 미화시킨다. 특히 마왕 파순의 방해공작은 이 부분에 들어있는 독특한 에피소드라고 할 수 있다. 태자의 정각이 임박하자 태자의 몸에서 발하는 광명이 삼천세계를 비추고 마왕궁에도 비추자 태자의 정각을 막으려는 마왕궁에 큰 소동이 일었다. 뿐만 아니라 '살자(殺者)' 혹은 '악자(惡者)'의 의미를 지닌 파순은 자신이 꾼 서른 두 종류의 악몽이 태자의 성불을 예고하는 조짐임을 깨닫고 이를 사전에 부수기 위해 권속들을 이끌고 보리수 밑으로 달려온 것이다. 그 사실이 67장의 내용이다. 마왕은 꾀를 내어 자신의 세 딸을 태자에게 보내어 감언이설로 감로를 권했으며, 잡귀로 이루어진 군대를 보내 청정한 도를 흔들고자 했다. 말하자면 마왕과 태자 사이에서 벌어진 싸움이 68장의 내용인 것이다.

69장에서는 태자가 32호상의 하나인 백호(白毫)로 겨누어 계집들의 유혹을 물리쳤고, 태자가 미동도 하지 않자 귀병들의 무기 또한 무력해진 사실을 서술했다. 70·71·72장 등에는 68장에서 이어진 마왕의 방해가 태자의 의연한 대응으로 좌절되었을 뿐 아니라 태자의 자비심과 하늘 부처들의 설득으로 선심을 내게 되었다는 사실이 서술되어 있다. 흥미로운 점은 패배한 것으로 묘사된 마왕이 73·74장에 이르면 태자에 대한 방해 공작을 다시 시도했고, 태자는 그에 대항하여 마왕을 패퇴시켰으며 결국 마왕은 태자에게 항복함으로써 태자는 2월 8일에 정각을 이루게 되고 마왕과의 갈등 또한 막을 내리게 된 사실이다. 태자의 정각이 그토록 힘든 일이었음을 드러내려는 장식으로서의 에피소드가 바로 이 부분의 서사라고 할 수 있다. 74장은 마왕의 항복과 태자가 정각을 이룬 사건을 순차적으로 서술한 부분이며, 58장[고행 시작]-64장[정각에 들기 시작]-74장[정각 완성]으로 이어지는 중핵들이 마무리되는 부분이기도 하다. 정각을 이룬 이후인 75장에도 태자와 이를 방해하려는 마왕 간의 싸움이 벌어진다. 즉 태자가 열반에 든 이후 우바국다존자가 석존의 교리를 받들어 설법할 때 마왕이 석가의 몸으로 변하여 이를 방해하려 했으나 마왕의 맏아들이 참회하고 마왕 또한 뉘우쳤다는 것이다. 마왕의 항복을 받고 입정 방광하며 정각을 이룬 사건을 서술한 중핵 79장에 이르기까지 여러 이적들이 서술되어 있다. 그 이적들에는 태자가 보리수 아래에서 성도한 다음 문린맹룡무제수(文鱗盲龍無提水)에 이르러 정좌 7일만에 용의 눈을 뜨게 했고 그 용은 소년으로 화했는데, 이들이 꽃다발을 만들어 석가모니의 몸에 씌워 장식하고 호위한 사건[76장], 여래 혜광의 밝음[77장], 여래 원돈(圓頓)의 교문[78장] 등 다양한 위성들이 들어 있다. 79장에 이르러 태자는 일체 지혜를 터득하고 2월 8일 드디어 정각을 이루고 18불공법(十八不共法)과 십신력(十神力)을 얻게 된 것이다.

수도의 마지막 단계부터 정각을 이루기까지의 사건들은 80~82장에 걸쳐 다시 반복된다. '태자가 마왕의 항복을 받은 후 나타낸 정각의 조짐[80장], 태자가 정각을 이루려 하자 팔부대중이 축복하고 하늘이 상서의 구름과 꽃비를 내렸으며 제천 제불·오통선 등이 석존의 정각을 축복하고 하늘은 풍류를 아뢰고 감로를 내린 사실[81장], 마왕이 태자의 정각을 막으려 하자 태자의 무량공덕을 지신(地神)이 증언하고 태자가 2월 7일 마왕의 항복을 받은 소식을 지신이 공신(空神)과 천신에게 알리니 삼십삼천이 모두 알게 된 사실[82장]' 등이 이 부분에 서술되어 있다. 따라서 실질적으로 정각 이후의 행적은 83장부터라고 볼 수 있다.

4. S4[정각~입멸 이전] : 태자가 정각을 이루고 중생을 제도하다

태자 정각 이후의 행적은 83장부터 본격적으로 전개되는데,[35] 사실 이 부분은 내용적으로 <월인곡>의 핵심이며 양으로도 압도적이다. 태자가 정각을 이룬 후 문수보살과 보현보살들이 석존의 설법을 듣고자 하니 석존은 원만보신노사나(圓滿報身盧舍那) 부처가 되어 화엄경을 돈교(頓敎)로 설법한 사실[83장] 등이 이 부분에 서술되어 있다. 따라서 실질적으로 성도 이후의 행적은 이 부분[83장]부터라고 할 수 있다. 이 부분은 다양한 하위 시퀀스들로 구성된다.[36] 그것을 순서에 따라 추려보면 다음과 같다.

S4·1 설법[삼승의 묘법/화엄경 십지품]:83~85장
S4·2 장사꾼들의 공양에 관한 이야기:86~92장
S4·3 석존의 전생담[녹야원 사슴왕 시절 이야기]:93~94장
S4·4 정각을 이룬 후의 각종 만남과 설법:95~97장
S4·5 가섭을 깨우쳐 제자로 삼은 이야기:98~111, 147장
S4·6 사리불과 목련을 제자로 삼은 이야기:112장
S4·7 정반왕과 석존의 재회, 그리고 정반왕의 깨달음:113~129장
S4·7·1 우타야의 매개로 세속인 정반왕과 석존이 재회하기로 함:113

---

35) 현재 194장까지만 남아 있기 때문에 석존의 입멸 사실이 어디에서 서술되는지 알 수 없다. 188장부터 '용왕과의 다툼'이 서술되고 있으며 194장에는 정각을 믿을 보리심이 생긴 용왕이 신하들로 하여금 모두 발심하게 한 것으로 보면 194장에서 '용왕과의 다툼'이라는 에피소드는 마무리된 것으로 보인다. 그 뒤 상당 부분을 다른 에피소드들이 채우리라 생각되기 때문에 어디서 입멸의 사실이 서술될지 현재로서는 알 수 없다.

36) 각각의 하위 시퀀스는 하나 혹은 그 이상의 사건들로 이루어져 있기 때문에, 하위 시퀀스를 완전 서사체의 하위 단계인 에피소드로 이해해도 무방할 것이다. 따라서 앞으로 에피소드라는 용어를 시퀀스와 혼용하게 될 것이다.

장~115장

S4·7·2 정반왕과 석존이 다시 만나 대화를 나눔:116장

S4·7·3 출가하기 전의 화려한 세속의 삶과 출가한 뒤에 고행하는 태자의 모습을 대비·서술:117~121장

S4·7·4 세속인 정반왕과 정각을 이룬 태자 간의 대화:122~124장

S4·7·5 부자간의 갈등을 통한 정반왕의 깨달음:125, 127~129장

S4·8 조달과의 갈등:126, 130~136장

S4·9 세존과 아들 라운의 기이한 인연/부인 야수와의 갈등:137~146장

S4·10 수달과 사리불 이야기:148~175장

S4·11 발제와 아나율 이야기:176장

S4·12 난타 이야기:177~180장

S4·13 나건하라국의 나찰녀를 제도한 이야기:181~194장

'정각~입멸이전' 부분은 현재 남아 있는 <월인곡>의 노랫말 중 분량으로 58%에 해당할 만큼 비중이 크다. 이 부분은 모두 14개의 하위 시퀀스로 구성되어 있고,[37] 각각의 하위 시퀀스들은 병렬과 시간 순차의 방법으로 연결되어 있다.[38] S4·1은 석존이 설법을 통해 불도를 전파하기 시작했음을 말해주는 내용이다. 세상에 묘법을 펴리라는 서원으로 원만보신노사나 부처가 되어 화엄경을 돈교로 말

37) S4·7의 경우 이야기의 질적·양적 비중을 고려할 때 다른 부분들보다 압도적이다. 그 하위 범주인 'E7-1~E7-5'는 각각 별도의 에피소드들로 독립할 수도 있으나, 크게 보면 S4·7의 하위 단계 서사로 간주되어야 할 것이다. 따라서 이 부분을 굳이 나누자면 '서사(S4·7·1)-본사(S4·7·2/S4·7·3/S4·7·4)-결사(S4·7·5)'가 될 것이다.[E7의 'E'는 에피소드(episode)임]

38) 병렬과 순차의 개념은 일견 모순인 듯하다. 그러나 독립적인 사건들을 중심으로 볼 경우 각 장은 병렬의 관계를 보여주지만, 동시에 그것들은 순차적으로 일어난 사건들이기도 하다.

씀한 사실이 83장에 서술되어 있다. 그러나 문자와 언어를 떠나 진여를 가리키는 교법이 '돈교'이니 중생들이 부처의 대법을 알아들을 수 없는 것은 당연했다. 그 안타까움에 전법을 단념하고 열반에 들려고까지 생각한 것이 84장의 시작이다. 열반에 들려는 석존에게 제천이 다시 설법을 청하자 중생을 깨우칠 수 있는 방편으로 삼승의 묘법을 설한 것이 84장의 내용이다. 정각을 이룬 후 14일 만에 화엄경 중 십지품을 설하고, 정각 후 49일만에 차리니가(差梨尼迦)에 가서 불언불소(不言不笑)의 삼매경에 들어간 사실을 서술한 것이 84장의 연장인 85장이다. 여기서 마무리되는 S4·1은 성도이후 입멸에 이르기까지 석존의 삶이 중생들에게 불도를 깨우치는 데 시종할 것이라는 점을 보여준다.

S4·2는 새로운 이야기다. 석존이 정각 이후 차리니가의 수풀에 앉아 있을 때 마침 5백 명의 장사꾼들이 이곳을 지나가고 있었다. 짐수레를 끌던 소들이 땅에 꿇고 가지 못하자 수신(樹神)이 '부처가 숲 속 물가에 계시는데 7일간의 선정에 공양을 못하셨으니 너희들이 먼저 드실 것을 공양하라'고 일러주었다. 그 결과로 장사꾼들이 석존에게 정성껏 공양하게 된 사실을 서술한 것이 86장이고, 장사꾼들의 공양을 받아 자신 후 그들에게 삼귀(三歸)를 주고 오계를 설법한 사실이 87장의 내용이다. 따라서 86장과 87장은 서사적으로 무리없이 연결된다. 87장과 88장의 연결고리는 '칠보 바리 사건'이고, 이 사건은 88·89장으로 이어진다. 장사꾼들이 공양하려하자 바리가 없었는데, 이를 알아차린 사천왕이 하늘에서 내려와 칠보 바리로 공양받을 것을 청했으나 사양하고 돌바리로 공양을 받았다는 것이 87장의 후반에 나타나 있다. 장사꾼들이 공양하려하자 사천왕이 보석으

로 된 네 바리를 바치고자 했으나 석존은 받지 않았으며, 때마침 북방 비사문천왕(毘沙門天王)이 삼천(三千)왕에게 말하기를 석존이 정각을 이루었을 때 이 돌 바리로 공양하라는 비로자나불의 말이 있었다고 밝혔다. 이로 미루어 석존이 원한 것은 칠보 바리가 아닌 돌바리임을 깨닫고 사천왕은 이것을 바쳤으며 석존은 말없이 이를 받았다는 것이 88장의 내용이다. 석존이 네 바리를 하나로 만들어 여기에 음식을 담아 먹은 89장에서 바리사건은 마무리된다. 그리고 다시 원래의 공양 사건으로 돌아간 것이 90장이다. 두 상인의 공양을 받은 후 삼귀를 주고 오계를 설법하여 게를 지어 타이르자 두 상인은 기념물을 간청했고, 석존이 머리털과 손톱을 깎아 준 것이 90장의 사건이다. 상인들이 석존의 머리털과 손톱을 대수롭지 않게 여기자 그것들의 의의를 설법한 것이 91장이며, 정각을 얻은 자신의 머리털과 손톱은 끝없는 공덕을 베풀 것이니 정성스레 모시라는 당부가 92장으로서 91장의 연장이자 이 에피소드의 마무리 부분이다. S4·2는 '출가~정각이전' 단계에 속한 하나의 에피소드로서 공양사건을 내용으로 하고 있으며, 그 시퀀스 내의 소규모 사건이 바로 바리에 관한 일이다.[39]

설법이 사건 전개의 공통적 기반으로 작용하는 것은 S4·3도 마찬가지다. S4·3은 성도 후 녹야원에 도량을 세우고 교진여 등 5인에게 사성제(四聖諦)의 법을 설한 사실[94장]과 그 원인으로서 석존이 전생에 사슴 왕이었으며 당시 임금 제파달다(提婆達多)에게 사슴 먹는

39) 이 에피소드의 각 부분들은 다음과 같이 연결된다.
86장 → 87장 → 88장 → 89장 → 90장
(87장 → 90장)

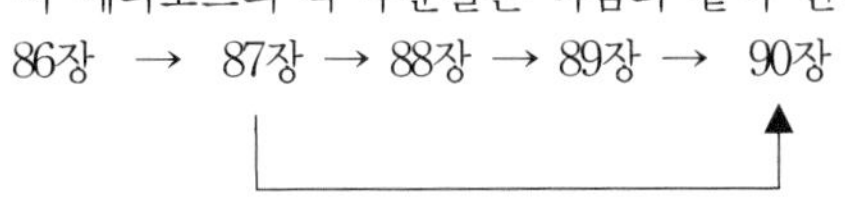

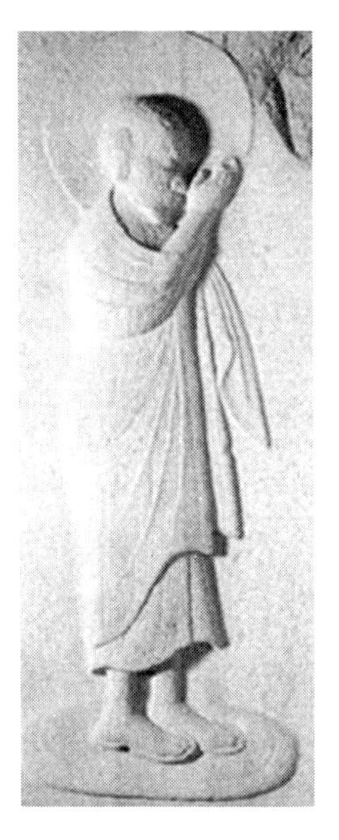
▲마하가섭

일을 금하도록 한 사실[93장] 등이 이 시퀀스를 구성하는 사건들이다. 정각 이후 전생의 인연을 따라 다양한 만남을 갖고 설법을 했다는 점에서 S4·3과 S4·4는 공통된다. 전생의 연분으로 석존을 만난 이라발다라(伊羅鉢多羅) 용왕이 나라선(那羅仙)의 주선으로 석존을 만나 삼귀의를 받았고 8만4천 나유지(那由地)의 하늘이 석존의 성제에 대한 설법을 듣고 해탈하여 법안정(法眼淨)을 얻은 사실[95장], 정각 이후 가는 곳마다 불법을 설하여 삼보의 위력이 넓어졌으며 여래의 설법에 제천이 화창하고 천룡팔부(天龍八部)도 그렇게 했다는 사실[96장], 정각 이후 41위의 법신대사·천룡팔부에게 노사나의 몸으로 원만수다라(圓滿修多羅)를 설법하여 돈교를 성립시켰고, 대중들의 근기를 고려하여 쉬운 진리로부터 점차 깊은 도를 깨닫게 하는 점교를 성립시킨 사실[97장] 등은 S4·4의 내용이다.

가섭을 깨우쳐 제자로 삼은 에피소드 S4·4는 비교적 긴 내용의 서사로 이루어져 있다. S4・4의 발단인 98장은 석존이 정각을 이루기 전의 시점으로 주된 내용은 가섭 울비라의 출현이다. 정각을 이루기 전의 석존이 왕사성을 지난다는 말에 마갈타국의 빈비사라왕인 병사(瓶沙)가 석존에게 나라를 바치고자 했다. 그는 거절하는 석존에게 성도 후 자신을 먼저 구제해 달라고 간청했다. 이들과 달리 이 나라에는 가섭이란 성씨의 3형제 중 맏이인 울비라가 배화교도로서 불을 토하는 독룡을 길러 명성을 얻고 있었다. 신심이 깊은 빈비사라왕을 등장시키고 그와 대조적인 성격의 가섭을 병렬시킨 것은 이교도로서 독룡을 기르는 가섭의 잔인성과 어리석음을 돋보이게 하려는 서술자의 고안이다. 99장에서 사건을 서술하는 대신 비유를 통해 가섭의 존재로부터 도출되는 교훈을 제시한 것도 그런 이유의 연장선에 있다. 즉 '나무가 아무리 높아도 뿌리를 베면 열매를 모두 따 먹을 수 있다'는 유의(喩意)를 통해 '화룡만 항복 받으면 외도인들도 항복 받을 수 있다'는 취의(趣意)를 끌어내고 있는 것이다. 그런 연유로 석존은 정각 이후 마갈타국으로 가섭을 제도하러 간 것이다. 다음은 사건들의 내용이다.

(1) 가섭이 석존을 괴롭히고자 용이 있는 돌집을 빌려 주다[100]
(2) 석존은 서슴없이 용당에 들어가다[101]
(3) 석존의 신통력으로 용이 뿜는 불길을 꽃으로 변하게 하여 자꾸만 땅에 떨어뜨리니 용도 체념하다[102]
(4) 석존이 용을 바리 속에 잡아 넣은 것을 모르고 가섭은 석존이 불에 타죽었다고 슬퍼하다[103]
(5) 석존이 수십만리 밖의 염부제에 가서 염핍이란 과일을 따다가 가섭에게 주었으나 가섭은 항복하지 않다[104]
(6) 가섭의 집에 머물 때 양치질 물이 없자 제석천이 연못을 만들어 주었고, 빨래하려 하자 향산에 가서 사방석을 가져다 못가에 놓아주다[105]
(7) 밤마다 비치는 밝은 불빛의 내력과, 불과 도끼에 관한 의문으로 석존의 공덕을 깨달았으나 가섭은 아직 항복하지 않다[106]
(8) 석존이 니련수를 건너면서 발휘한 신통력을 보고 가섭과 그의 제자들은 찬탄하고 감복하다[107]
(9) 마갈타국의 임금이 베푸는 7일 법회에 석존이 나타나지 않기를

바라는 가섭의 소원대로 석존이 나타나지 않았다가 법회가 끝난 뒤 나타나 가섭을 위로하다[108]

(10) 제자들에 대한 체면과 자존심 때문에 버티던 가섭이 자신의 술책이 바닥나자 석존께 항복하고 가섭 형제는 그들의 제자들과 함께 석존의 제자로서 훌륭한 공덕을 쌓다[109]

(11) 가섭의 무리가 석존의 법력에 항복하여 석존의 도리를 깨닫고 나한이 되다[110]

(12) 가섭과 신도 1천명을 제자로 삼고 왕사성에 가니 빈비사라왕이 석존에게 죽원을 바쳤고 석존은 그것을 설법 도량으로 삼다[111]

(13) 가섭이 출가하려고 죽원으로 오자 석존이 죽원에서 설법했다. 천인이 모두 가섭을 공경하여 대가섭이라 했으며, 부처 열반 후 불법을 후세에 떨치다[147]

가섭은 석존의 10대 제자 가운데 두타제일(頭陀第一)이었다. 그가 바로 모든 번뇌의 티끌을 털어 없애고 의식주에 탐착하지 않으며 청정하게 불도를 수행한 마하가섭이다. 이교도이면서 불을 뿜는 용을 길러 대중적 인기를 누리고 있던 가섭을 두타 제일의 수행자로 만드는 과정 자체가 극적이다. 그것은 석존의 포용력과 불도의 위대함을 보여주기 위한 장치라고 할 수 있다. (1)은 서사, (2)～(9)는 본사, (10)～(11)은 결사이며, (12)·(13)은 가섭과 관련되긴 하나 이야기의 완결을 지향하는 서사적 측면에서는 부가적인 내용으로 후일담인 셈이다. '서사-본사-결사'는 각각 시간순차나 인과관계로 이어지는 서사의 양상을 보여주나 그에 속한 각각의 개별적인 사건들[본사에 속한 8개의 사건들과 결사에 속한 두 개의 사건들]은 병렬적인 구성을 보여준다. 특히 99장에 비유를 통한 교훈의 내용을 배치한 것은 '물망장'을 설정한 <용가>나 그에 대등한 의미의 교술적 부분을 설정했을 것으로 짐작되는 <월인곡> 전체의 서사와도 상통하는 구조라고 할 수 있다. 석존은 정각 이후 불도의 무기를 통해 세계를 하나하나 정복해 나간다. 이교도인 가섭을 최상급의 수행자인 나한으로 변모시킨 것은 정각 이후 석존이 거둔 큰 열매들 가운데 하나라고 할 수 있다. 이런 점에서 사리불과 목련을 제자로 맞아들인 112장 역시 111장의 연장선에서 이해될 수 있는 부분이다.

분량 면에서 S4·11에 못 미치지만, 내용상 <월인곡>에서 가장 핵심적인 부분은 S4·7이다. 석존의 출가수행에 가장 큰 방해자였던 부친 정반왕과의 재회는 '성-속'의 날카로운 부딪침이었고, 그 부딪침을 통해 불도의 숭엄함을 극적으로 드러낼 수 있었다는 점에서 <월인곡>의 주제는 이 부분에 내재되어 있다고 본다. 그것은 왕자와 왕비의 죽음을 둘러싼 세종의 심상을 초월적 차원에서 대변하는 내용일 수 있기 때문이다. 세종은 모티프 설정 및 제작의 핵심 주체이므로 이 부분에서 자신의 생각을 은근히 드러내려 한 것 같다. 정반왕이 성불한 태자를 보고 싶다는 뜻을 범지(梵志) 우타야에게 전하자 석존은 이레 되는 날 찾아뵙겠다고 회답한다. 우타야의 전갈을 들은 정반왕은 태자가 첫 맹세 이룰 것을 알고 눈물을 흘렸으며, 석존이 앞 세상에서부터 고행하다가 이제야 정각을 이루었음을 우타야가 정반왕에게 말하니 열두 해만에 태자가 정각을 이루었느냐고 반갑게 말했다는 사실이 S4·7·1[113~115장]의 내용으로서 S4·7의 서사(序詞)에 해당한다. 임금이 신하들과 백성들을 거느리고 40 리 밖으로 친히 마중을 나가서 태자를 만난 정반왕이 태자의 소싯적 일을 말하자 태자와 우타야는 경청했으며, 반대로 정각에 이르기까지의 일을 우타야와 석존이 말하니 정반왕이 경청한 일을 서술한 것이 S4·7·2다. S4·7·3은 출가하기 전에 누리던 화려한 세속의 삶과 출가한 뒤에 고행하는 태자의 대조적인 모습을 대비적으로 서술한 부분이다. 그 대조의 내용은 다음과 같다.

①칠보전을 꾸미고 5백의 여기와 금으로 만든 수요에 앉던 옛날	:	나무 아래 여러 하늘부처가 설법을 들으러 오며 천룡이 보상가사를 바침
②칠보전에서 진수성찬을 먹고 미인들의 풍류 속에 잠자던 옛날	:	탁발걸식으로 중생을 제도하기 위해 석범이 에워싼 속에 삼매경에 드는 모습
③궁중에서 칠보로 꾸민 코끼리 수레를 타고 다니던 옛날	:	발을 벗고 걸어 다니는 지금
④칠보로 옷을 꾸미고 위용이 당당하던 옛날	:	머리를 깎고 누비옷을 입고 있는 지금
⑤생로병사에 대한 번뇌를 모르고 물질적 호사만 누리던 옛날	:	정각을 이루어 물질에 대한 욕망이 사라진 지금

석존의 과거와 현재를 각각 대비적으로 묘사한 것이 ①~⑤다. 과거가 세속적 영화의 시간대라면 현재는 깨달음의 공간에서 누리는 영광의 시간대다. 정반왕은 아직도 세속을 대표하는 존재임에 반해 석존은 탈 세속과 깨달음의 공간을 대표하는 존재다. 석존이 정각을 이룬 후에도 정반왕은 세속의 부귀영화에 대한 강한 집착을 버리지 못하고 있다. 따라서 정반왕이 그런 집착을 포기하고 석존이 이룬 정각의 세계에 귀의하게 된 것은 큰 변화다. S4·7·3은 그 변화의 갑작스러움을 완화시키는 역할을 한다. S4·7·4에서 이루어지는

정반왕과 석존의 대화는 S4·7·3을 논리적 전제로 삼는다. 따라서 S4·7·4는 S4·7·3의 구체적 확인인 셈이다. 이 부분이 비록 사건들의 묘사로 이루어져 있긴 하나 구조적으로 상태의 묘사에 속한다. 그것은 채트먼이 제시한 담론의 두 유형 중 정체진술이며,[40] 프랭스의 '상태적 사건'에 해당하는 진술 기법이다.[41] 말하자면 모방적 담론이 아니라 허구적으로 '보고되는', '서술된' 담론[42] 즉 서술자 자신의 관점을 거쳐 제시된 보고적 진술이라는 것이다.

S4·7·3을 바탕으로 대비되는 두 내용들을 보다 구체화한 것이 S4·7·4에 서술되는 정반왕과 석존의 대화다. 122장의 "'태자 시절 찬란한 금은보화에 음식을 먹었거늘 이제 어찌 빌은 밥을 먹을 수 있는가?'[정반왕]-'과거의 세속적 영화는 다 잊었으며 오직 중생의 제도를 위해 지발걸식(持鉢乞食)한다'[석존]"는 문답, 123장의 "'태자시절 삼시전에서 채녀들에 둘러싸여 괴로움 없이 살았는데 지금 깊은 산골에서 얼마나 외롭고 두려운가?'[정반왕]-'생로병사를 해탈하여 정각을 이루고 중생을 제도하니 어찌 외로움과 두려움이 있으리오?'[석존]"라는 문답, 124장의 "'태자시절 칠보전에서 향수에 목욕하던 귀한 몸이 이제는 산중에서 어떻게 목욕하는가?'[정반왕]-'정각을 이루매 언제라도 못이 되어 목욕하니 삼독이 없고 기쁨이 끝없다'[석존]는 문답 등은 S4·7·3에 대비적으로 제시된 과거와 현재의 삶을 보다 구체화하는 내용이다. 뿐만 아니라 이 문답 속에는 정반왕

40) S. 채트먼, 앞의 책, 40쪽.

41) 제랄드 프랭스, 앞의 책, 100쪽.

42) '모방적 담론'이나 '보고되는 담론' 등의 용어는 제라르 즈네뜨, 권택영 옮김, 『서사담론』, 교보문고, 1992, 158쪽 참조.

이 태자가 이룬 정각을 목격하면서도 아직 세속적인 욕망을 포기하지 않았음을 암시하며, 둘 사이의 갈등이 여전히 지속되고 있음을 보여주기도 한다.

양자 간의 첨예한 갈등을 거쳐 정반왕의 깨달음으로 귀결되는 그 부분[S4·7·5]에서 S4·7은 종결된다. S4·7·5는 125장에서 시작되고, 조달의 등장을 보여주는 126장을 뛰어넘어 127~129장에서 마무리된다. '정반왕은 자식 사랑하는 마음에 정법을 모르셔서 하나하나 세속적인 일과 비교하여 말씀했으나 정각을 이룬 석존은 세간의 모든 일들이 불쌍하게만 보였다'[125장]는 서술자의 말은 정반왕이 정각을 이룬 석존에 대해서 그 때까지도 세속적 미련을 버리지 않고 있었음을 보여준다. 석존이 가비라 성으로 돌아올 때 보여준 장엄한 자연의 이적들을 제시함으로써 정반왕의 세속적 욕망을 무력화시키려는 구도를 좀더 교묘하게 보여준 것이 127장이다. 그것은 석존의 신통력이 빚어낸 가시적 현상들이었으며, 석존의 신통력은 속인을 깨우치기 위한 방편이었다. 석존을 대하는 정반왕은 그 때까지도 부처에 대한 공경심보다 자식을 대하는 부정(父情)이 앞설 수밖에 없었다. 석존은 인간의 고해를 벗어나지 못한 정반왕을 제도하려고 신기한 여러 변화들을 보여 주었으며 그에 따라 정반왕도 부처의 대자대비에 이끌려 불도를 닦을 마음이 생겼음을 노래한 것이 128장의 내용이다. 결국 깨닫게 된 정반왕이 남녀들로 하여금 삼보에 귀의하여 법안을 열게 했으며, 종친 중에서도 의무적으로 출가하여 비구로서 석존을 모시게 한 것이 129장의 내용이며 S4·7·5의 마무리다. 이렇게 정반왕의 깨달음으로 '성도~입멸' 단계의 일곱 번째 시퀀스[S4·7]는 완성된다.

태자로 태어나 정각에 이르는 과정에서 가장 큰 장애는 부자의 갈등이었다. 그 갈등은 '성-속'의 대립이기도 했으며, 석존이 정각을 완성시키기 위한 마지막 관문이기도 했다. 그 걸림돌이 해소됨으로써 석존은 진리의 전파에 전념할 수 있었다. <월인곡>에는 부자간, 부부간, 친척간의 갈등이 골고루 들어있다. 가장 심각한 것이 정반왕과의 갈등이고, 아들 라운을 사이에 두고 벌인 부인 야수와의 갈등, 사촌아우 조달과의 갈등이 중요한 에피소드로 들어 있다. 여덟번째 하위 시퀀스[S4·7]가 바로 조달과의 갈등이다. 130장부터 136장에 조달 관련 사건의 근간은 서술되나 그 발단은 126장에 등장한다. 정반왕을 뵈려고 간 길에 사촌인 조달을 제도하고자 신통력을 보였으나 성질이 모진 조달은 오히려 자기가 신통력을 배워 석존을 이기려는 마음뿐이었다는 것이 126장의 내용이다. 126장의 내용을 구체적으로 보여주는 것이 130장이다. 조달과 그의 친구 화리가 석존을 죽이기 위해 석존을 수행한 사리불을 놀렸으나 끝내 뜻을 이루지 못하고 둘 다 모두 연화지옥에 떨어진 것이다. 석존이 사리불과 목련을 지옥에 떨어진 조달에게 보내 위로한 것이 131장이고 아난과 조달의 대화를 통해 '석존이 와야 내가 나간다. 석존이 오지 않으면 나는 그냥 있겠다'는 요지의 결심을 말한 것이 132장이다. 126~132장까지는 구제할 수 없는 조달의 잔인함과 석존과의 갈등을 서술한 부분이다. 그리고 그 갈등의 원인으로 제시한 것이 두 사람의 전생담인 133~135장이고, 마무리로 들어놓은 설명과 논평이 136장이다. 그 전생담은 다음과 같다.

(1) 전세 겁에 운산 아래에 기파조라는 한 몸에 두 머리를 지닌 새

가 있었는데, 하나는 가루다조요 다른 하나는 우파가루다조였다.[133장]

(2) 마두가 열매를 두고 두 마리가 싸우다가 독 있는 꽃을 먹고 죽었는데, 가루다새는 석존이 되고 우파가루다새는 조달이 되었다. 그래서 이 세상에서도 조달은 석존의 말씀을 듣지 않게 되었다.[134·135·136장]

두 마리 가운데 좋은 꽃을 먹은 머리는 이름이 가루다로서 후세에 석존이 되었고, 모진 꽃을 먹은 머리는 우파가루다로서 조달이 되었다는 이야기다. 삼역죄(三逆罪)를 짓고 무간지옥에 떨어졌으나 후세에 성불하여 천왕여래가 될 존재이지만, <월인곡>에서는 석존과의 갈등 이야기만 나와 있을 뿐 성불에 관한 이야기는 반영되어 있지 않다.

정반왕과의 갈등에 이어 부부간·부자간의 갈등을 다룬 하위 시퀀스는 S4·9이다. 이 시퀀스는 두 부분으로 나뉜다. 석존과 그 아들 라운의 기이한 인연이 그 하나이고, 석존과 부인 야수 간의 갈등이 다른 하나다. 태자비 야수는 태자 출가 6년 만에 아들 라운을 출산했다. 야수가 고통을 받은 것은 바로 그 때문이었다. 태자 출가 6년이나 지나서 라운이 태어나자 나라 사람들은 야수의 부정을 의심했다. 그러나 석존이 정각 이후 돌아온 날 라운이 석존의 무릎에 앉았고, 라운의 손에 환희 환을 쥐어주니 즉각 석존께 전함으로써 국인들의 의심이 풀렸다는 것이 137장의 내용이다. 그러나 잉태와 출산으로 끝나지 않고 세속의 모친으로부터 라운을 분리시키는 악역까지 할 수밖에 없었다는 점에서 부자간의 기이한 인연은 석존과 그의 부인 야수의 갈등으로 발전하고, 그것이 138장으로 연결된다. 석존이 목련을 야수에게 보내 라운을 데려오게 하자 야수가 라운과 함께 높은 누에 올라 사다리를 없애고 문을 잠가버린 사건이 138장의 내용이다. 목련이 신통력으로 누 위에 올라가 야수부인에게 사정을 고하자 이제부터 석존에 대한 서운한 말을 할 것이니 돌아가 전해 달라고 부탁하는 말이 139장이다. 야수부인의 석존에 대한 서운함과 남편 없는 아녀자로서 겪어야 했던 고난을 서술한 것이 140장부터 144장까지의 내용이다. 목련과 대애도가 실패하고 석존이 신통력으로 화인(化人)을 만들어 보내 허공에서 야수를 꾸짖자 깨달은 야수가 라운의 손을 잡아 목련에게 맡기고 울며 이별하는 145장은 S4·9의 전환에 해당한다. 결국 라운은 출가하게 되고 그와 함께 50명의 석씨 문중 아들들을 모두 머리 깎게 하였으며 사리불로 하여금 가르치도록 했다. 라운은 궁중에서 호화롭게 자라 수행을 괴로워했으나 석존이 타이르자 마음을 고쳐먹는 것으로 S4·9는 종결된다.

S4·10 즉 148장부터 175장까지는 수달과 사리불에 관한 이야기로서 하위 시퀀스들 가운데 가장 길고 이야기 또한 복잡하다. 사건의 개요는 다음과 같다.

(1) 사위국의 대신 수달[급고독]이 바라문을 시켜 막내 며느리를 물색하던 중 마갈타국 왕사성의 대신 호미의 집에서 처녀를 보고 내심 좋아하다[148장]
(2) 바라문이 처녀의 아버지 호미장자에게 청혼하고 쾌락되었음을 수달에게 알리자 수달은 임금에게 말미를 얻고 재물과 함께 아들을 데리고 왕사성에 오다[149장]
(3) 수달이 호미의 집에서 석존의 소식을 듣고 밤에 석존을 만나러 가던 길에 고난을 만나 돌아 오다가 죽은 벗의 인도로 눈이 다시 밝아져서 석존께 나아가다[150장]

(4) 석존이 수달을 맞아들이고 수달은 석존께 안부 인사를 여쭈는데, 정거천이 도술로 수달에게 예법을 가르치자 수달은 깨우치고 부처의 옆에 공손히 앉아 가르침을 기다리다[151장]
(5) 석존이 수달에게 사제법을 설법하고 수달은 석존에게 사위국에 와서 중생 제도해 주기를 요청하니, 석존은 수달로부터 정사 지어줄 것을 약속 받고 사리불을 동행시키다[152장]
(6) 수달과 사리불이 왕사성으로 가면서 정자 셋을 지어 석존이 사위국에 오실 때 유숙하게 하다[153장]
(7) 태자 기타의 땅에 정자를 짓고자 땅을 팔라고 하자 태자가 거절하므로 다시 간청했으나, 그 땅에 금을 듬뿍 깔면 팔겠노라 하자 수달이 그렇게 하려고 하다[154장]
(8) 수달이 응하자 태자가 농담이었다고 발뺌하므로 둘은 옥신각신하다가 관청에 가니 정거천이 판관으로 변해 수달의 편을 들어주다[154장]
(9) 수달이 황금을 깔자 태자가 감동하여 나무는 자기 몫으로 하되 둘이서 정사를 만들어 부처께 바치자 하니 수달이 받아들이고 정사 지을 준비에 착수하다[154장]
(10) 외도인 육사가 임금에게 석존의 제자와 겨루어 자신이 이기면 짓게 하되 못 이기면 짓지 못하도록 하겠다 하며 사리불을 업신여기자 임금이 육사의 말을 수달에게 전했고, 수달은 근심하면서 그 말을 사리불에게 전하다[155장]
(11) 수달을 안심시킨 사리불이 이레 후 성 밖 벌판에서 재주를 겨루게 되었는데, 금북을 울리자 나라 사람들 18억이 구경 나오다[156장]
(12) 수달은 나무 밑에서 입정하여 사곡한 무리를 삼덕[법신(法身)·반야(槃若)·해탈(解脫)]으로 항복 받으리라 결심했고, 사리불은 육사의 무리가 벌판에 나오자 니사단을 왼쪽 어깨에 얹은 채 천천히 걸어와 수달이 만든 자리에 오르다[157장]
(13) 육사의 제자 노도차가 나무를 만들어 가지·꽃·열매를 열게 하니 사리불이 돌개바람을 일으켜 그 나무와 가지·열매를 먼지처럼

부서지게 하자 사람들이 사리불이 이겼다고 외치다[158장]

(14) 노도차가 주문을 외워 못을 만드니 사면이 보이고 그 가운데 여러 꽃이 피었다. 그러나 사리불이 어금니가 여섯 달린 흰 코끼리를 만들어내자 코끼리가 그 못의 물을 다 마시니 못이 간 곳이 없어져 사리불이 승리하다[159장]

(15) 노도차가 산을 만드니 칠보로 꾸민 산이 장엄하기 이를 데 없고 열매가 다 갖추어져 있었으나 사리불이 금강역사를 만들어 금강저로 멀리서 견주어 보자 산이 흔적도 없이 사라져, 사리불이 승리하다[160장]

(16) 노도차가 머리 열 달린 용을 만들었으나 사리불이 만든 금시조가 그 용을 모두 잡아먹어 사리불이 승리하다[161장]

(17) 노도차가 한 마리 황소를 만들어 사리불에게 달려들게 하자 사리불이 급히 만든 사자가 그 소를 잡아먹으니 사리불이 승리하다[162장]

(18) 노도차가 급기야 스스로 야차가 되어 달려 나오자 사리불도 스스로 야차가 두려워하는 비사문왕이 되어 이를 맞이하다[163장]

(19) 노도차의 야차가 불을 토하며 사리불에게 달려들자 사리불의 변신인 비사문왕이 야차가 달려오는 사방에 불을 놓아 오직 사리불 있는 곳만 불이 없으므로 그곳에 가 엎드려 항복하다[164장]

(20) 노도차의 항복을 받은 후 사리불이 갖가지 신묘한 도술을 보이고 돌아와 자리에 앉자 모든 사람이 항복하며 기뻐하니 그제서야 사리불이 설법하여 각자 전생에 닦은 인연으로 어떤 이는 수다원(須陁洹)을, 어떤 이는 사다함(斯陁含)을, 어떤 이는 아라한을 얻었다. 육사의 제자들은 모두 사리불의 제자가 되다[165]

(21) 사리불의 신력에 놀라 육사의 제자와 국인들이 모두 사리불의 제자가 되어 출가하고, 노도차도 사리불의 제자가 되니 헤아릴 수 없이 많은 수의 제자들이 생기다[166장]

(22) 정도의 사리불과 외도의 노도차가 재주 겨룸은 당랑거철(螳螂拒轍) 같이 무모하여 세상 사람들의 웃음만 사고말다[167장]

(23) 외도인들을 부처에게 귀의시킨 후 수달과 사리불이 힘을 합쳐 정사를 세웠는데, 사리불이 웃자 수달이 물으니 "여섯 하늘에는 이미 그대가 들 집이 지어져 있다" 하여 사리불에게 빈 도안(道眼)을 통해 보니 여섯 하늘에 궁전이 들어차 있었다. 사리불에게 묻자 가운데 하늘이 가장 좋다고 하다[168장]

(24) 일하는 도중 사리불이 슬퍼하자 그 이유를 물으니 "부처로는 일곱 부처가 번갈아 났으나 개미는 제 몸 하나 생사를 해탈하지 못하여 그대로 중생계에 남아있는 것을 보면 공덕 닦는 일이 참으로 어렵기 때문"이라고 하다[169장]

(25) 생사의 윤회를 벗어나지 못하는 개미를 보고 사리불이 슬퍼했고 이를 들은 수달이도 슬퍼했으며 사람도 몸을 닦아 이런 괴로움을 벗어날 것을 다짐하다[170장]

(26) 수달이 정사를 이룩한 후 왕이 사자를 왕사성에 보내 석존을 청하니 왕사성에서 사위국으로 오실 때 수달이 지은 정자에서 중생을 제도하고 사위국에 오니 큰 광명이 퍼지고 삼천대천세계를 다 비추다[171장]

(27) 석존이 사위국에 오니 땅이 흔들리고 성 안의 악기들이 저절로 소리가 나며 병을 앓는 사람들이 모두 나으니 그 나라 십팔억 백성들이 이 상서를 보고 모두 모여들다[172장]

(28) 석존이 사위국에서 18억 중생을 제도하기 위해 묘법을 설교하고 사위국 공주가 정성이므로 세존이 무비신(無比身)이 되어 보이며 공주에게 승만경(勝鬘經)을 설교하다[173장]

(29) 석존이 머리와 손톱을 베어주니 수달은 이를 받아 탑을 세우고 굴을 파서 간직하고 공양했으며, 수달이 병들었을 때 석존이 찾아보고 아나함을 수기하다[174장]

(30) 수달이 죽어 도솔천에 올라 도솔천자가 되었는데, 내려와 석존 옆에 앉으니 몸에서 광채가 났으며 게를 지어 석존의 공덕을 찬탄한 뒤 다시 하늘로 올라가다[175장]

수달과 사리불의 이야기인 S4·10은 몇 개의 크고 작은 사건들로 이루어져 있다. 크게 수달과 석존의 만남[148~152장], 수달과 사리불의 만남[152~175장] 등 두 사건이고, 후자는 다시 여러 개의 사건들로 나뉜다. 태자와 수달의 갈등[154장], 수달·사리불과 외도인 육사의 갈등[155~165장], 사리불의 설법과 중생들의 깨우침[166~170장], 석존의 사위국 전법[171~175장] 등이 그것들이다. 수달이 막내 며느리 감을 찾던 중 왕사성에서 석존을 만나 가르침을 받고 석존의 포교를 위한 정사 건립 건으로 사리불과 동행하면서 수달과 석존은 만나게 된다. 수달과 사리불의 만남은 석존과의 만남으로부터 파생된 또 다른 만남이다. S4·10은 수달과 석존, 수달과 사리불 등 두 만남을 큰 축으로 하여 이루어지는 에피소드이다. 수달과 석존의 만남은 이 이야기의 발단 부분으로 나오지만, 결말 부분에 다시 등장한다.[43] S4·10의 결말 부분으로 나오는 수달과 석존의 만남은 앞부분의 만남과 사건들을 원인으로 하는 결과의 의미를 지니고 있다.

뒷부분의 만남을 살펴보자. 정사를 완성한 수달이 왕사성으로부터 석존을 모셔왔다. 온 나라에 광명이 퍼지고 중생들은 고통으로부터 벗어났다. 공양할 근거를 요구하는 수달에게 석존은 자신의 머리털과 손톱을 잘라주니 수달은 탑을 세워 간직했다. 그리고 석존은 수달이 병들자 찾아와 아나함을 수기했다. 아나함은 욕계의 번뇌를 단진해 버린 성자로서 욕계에 다시는 태어나지 않을 존재이므로 아나함은 '불환(不還)'이라 번역된다. 죽어 도솔천에 올라가 도솔천자가

43) 보기에 따라 뒷부분의 것은 '헤어짐'을 포함한, 새로운 의미의 만남일 수 있다.

된 수달이 다시 내려와 석존의 옆에 앉은 것은 '수달과 석존의 또 다른 만남'이므로 S4·10 앞부분의 만남과는 성격이 다르다. 더구나 도솔천자가 된 수달이 석존의 공덕을 찬탄하고 다시 하늘로 올라간 것은 분명한 헤어짐이다. 그래서 앞의 만남과 뒤의 만남은 완벽하게 다른 모습을 보여준다.

수달과 사리불이 정사를 짓는 과정에서 만난 것이 외도인 육사의 무리였고, 그들과의 투쟁을 통한 승리의 서사가 바로 154장~165장이다. 그것은 육사의 제자 노도차와 수달을 대리한 사리불이 각종 신통력을 겨룬 결과 사리불이 승리하여 육사의 무리를 제자로 삼게 되었다는 무용담이다. 앞부분에서 석존은 정반왕, 야수, 조달 등 가족·친지와의 갈등을 해결하고 그들을 깨우쳤다. 가섭을 깨우쳐 제자로 삼았고, 이 부분에서는 수달을 깨달음의 길로 인도했으며 외도인 육사의 무리를 깨우쳐 제자로 삼기도 했다. 중생들을 깨우치는 것이 석존의 길임을 강조하려는 의도가 이런 에피소드 삽입의 본뜻이다. 석가 씨 자제들인 발제와 아나율 등을 출가시켜 구도자로 만든 일[176장]이나 이복아우 난타를 설득시켜 깨달음을 얻도록 한 일[177~180장]도 그 연장선에서 이루어진 것이다. 특히 난타[즉 목우(牧牛)난타]는 아내 손타라의 아름다움에 빠져 출가를 꺼려하므로 석존이 방편으로 교화하여 아라한과(阿羅漢果)를 얻게 된 인물이다. 석존은 니구루 정사에 온 난타의 머리를 깎아 중으로 만들었으나 난타는 자꾸만 집에 가고자 했다. 그는 석존이 없는 틈을 타 집에 가려다가 석존의 신통력으로 다시 정사에 돌아오고 만다. 이것이 177~178장의 내용이다. 정사에 돌아온 석존은 난타에게 원숭이와 천녀를 들어 아내가 지닌 아름다움의 의미를, 지옥의 가마솥을 보여주며 출가수행의 중요성을 각각 깨닫게 했다. 그로부터 마음잡고 수행한 난타가 이레 안에 아라한과를 얻게 되었음을 서술한 것이 S4·12 즉 179~180장의 내용이다.

마지막 에피소드인 S4·13은 나건하라국의 나찰녀를 깨우친 이야기다. 사건의 개요는 다음과 같다.

(1) 나건하라국 고선산의 독룡지가 나찰혈의 다섯 나찰이 암컷용으로 변하여 수컷용을 얻고 나라를 어지럽히니 임금은 속수무책이었다. 어떤 범지의 충고대로 향을 피우고 기원하니 그 정성이 석존께 전해지다[181장]
(2) 마하 가섭의 무리 5백이 유리산을 만들었는데, 산 위에마다 연못과 칠보 나무가 있었다. 나무 아래마다 금상에 은광이 비치고 그 광명이 굴이 되니 가섭이 그 굴에 앉아 제자들에게 십이두타행(十二頭陀行)을 닦게 하는데 그 산이 구름처럼 바람을 몰아 고선산에 달려가다[182장]
(3) 대목건련의 5백 제자도 천백마리의 용을 만들어 앉을 자리가 되고 입으로 불을 토하니 금대에 칠보좌가 되었다. 목련이 그 가운데 앉으니 마치 유리 같아 안팎을 밝게 비추는데 이 보좌도 고선산에 달려가다[183장]
(4) 사리불이 설산을 짓고 백옥으로 굴을 만들어 5백 사미는 칠보굴에 앉고 사리불은 백옥굴에 앉아 금빛을 내며 펴는 불법을 사미들이 듣더니 이 설산도 고선산으로 달려가다[184장]
(5) 마하 가전연이 권속 5백 비구와 함께 황금대와 같은 연꽃을 만들고 비구는 그 위에 있었는데, 비구의 몸 아래서 물이 솟아 꽃 사이로 흐르며 땅이 젖지 않더니 이 연꽃도 고선산에 달려가다[185장]
(6) 이들 석존의 네 제자가 각각 5백의 비구를 데리고 여러 신력을 부리며 고선산으로 날아갔고, 또 1250여명의 제자들이 각각 신력을 부리며 허공에 솟아올라 기러기 떼처럼 날아가다[186장]

(7) 제자들을 떠나보낸 뒤 석존은 옷을 입고 바리를 들고 아난과 니사단을 데리고 허공을 밟아 날아가니 제천과 제불이 광명을 내며 차례로 허공에 가득히 날아 고선산에 가다[187장]

(8) 석존이 많은 제자들을 데리고 나타나자 용왕이 16마리의 독룡을 동원하여 큰 구름을 일게 하고, 벼락을 내리고, 우박을 뿌리고, 불을 토하고, 비늘과 터럭 사이마다 불과 연기를 내뿜는 등 석존께 대들고 나찰녀 다섯은 눈을 부라리며 석존 앞에 와 버티고 서다[188장]

(9) 석존 둘레의 금강신이 금강저를 잡고 수많은 몸이 되어 금강저의 머리마다 불이 수레바퀴 두른 듯 차례로 허공에서 내려오자 용이 뜨거워 갈팡질팡하다가 부처의 그림자에 달려든 뒤 그제야 살아난 듯 주위를 돌아보다[189장]

(10) 독룡이 주위를 돌아보니 허공에 가득 찬 화불의 방광과 금강저가 깔려 있어 아무리 독한 용인들 무서워하지 않을 수 없고, 또 온 하늘이 석존의 몸이 금빛이 되어 온 하늘을 뒤덮으니 악독한 용이라 해도 뒤따르지 않을 수 없었다[190장]

(11) 독룡과 나찰녀가 석존을 무서워하므로 용왕이 석존께 빌자 나건하라국의 국왕도 기뻐하여 높은 상에 백첩의 휘장을 두르고 진주그물로 그 위를 덮어 세존께 그 휘장에 들 것을 청하다[191장]

(12) 석존이 발을 드니 장딴지에서 오색 빛이 찬란하여 하늘의 고운 꽃이 휘장을 이루었고, 석존이 손을 들자 손가락 사이에서 보배의 꽃이 내려 금시조가 되니 용들이 무서워하다[192장]

(13) 석존이 연꽃 위에 가부좌하니 다른 연꽃 위에는 모두 다른 부처가 앉고 비구들도 부처께 절하고 각각 자리를 깔았다. 비구들의 자리도 모두 유리좌가 되거늘 비구들이 들어 앉으니 유리좌에서 유리의 광채가 퍼져 유리굴을 이루었다. 비구들이 비로소 화광정에 드니 몸이 모두 금빛이었다[193장]

(14) 석존의 갖가지 신통력을 목격한 국왕이 정각을 믿을 보리심이 생겨 신하들에게도 모두 발심하라 일렀고, 용왕은 금강역사의

금강저가 무서워 참된 마음을 먹으려는 보리심이 일어나고 나찰녀에게도 참된 마음을 가지려는 보리심이 일어나다[194장]

<월인곡> 서사에서 석존을 주동인물로 볼 경우 그에 대항하는 존재들은 모두 반동인물들이다. 반동인물들을 설득하여 불법에 귀의시키는 길만이 갈등의 유일한 해법임을 시종일관 보여주는 것이 <월인곡>의 변함없는 방향이다. 그것은 석존의 설법과 전법의 결과임을 암시하는 점이기도 하다. 그러나 <월인곡> 제작 주체의 현실로 치환할 경우 그 속에는 다양한 반대자들을 복속시키며 절대왕권을 확립해가는 과정을 보여주려는 숨은 의도가 감지되기도 한다. S4·13은 현재 남아있는 <월인곡> 가운데 마지막 부분이다. 나건하라국의 고선산에 웅거한 나찰의 무리가 타도의 대상인데, 그 타도에 나선 것이 석존 자신과 가섭·목련·사리불·가전연 등 네 제자의 무리, 1,250여명의 여타 제자들이다. 특히 가섭·목련·사리불을 제자로 삼게 된 에피소드는 이미 S4·5와 S4·6에 상세히 서술되어 있으니 S4·13인 이 부분은 어쨌든 이미 서술된 중요한 서사들이 일단 여기서 마무리됨을 보여준다. 이 부분은 전쟁서사물의 구조와 부합한다. 총사령관은 석존이고 네 명의 제자들은 예하부대의 장군들이며, 각각에 속한 제자들은 군졸들이다. 네 장군들에 딸린 제자들을 제외한 1,250여명의 제자들은 총사령관인 석존이 직접 거느리는 친왕병인 셈이다. 상대방의 총사령관은 용왕이며 나찰들의 화신인 독룡들은 휘하의 군졸들임은 물론이다. 이들이 전장인 나건하라국의 고선산에서 전투를 벌였고, 결국 석존 휘하의 장졸들이 승리하여 상대 진영을 정복하게 되었다는 전쟁 서사내용 그 자체다. 도처에서 불법의 구체

적인 내용을 설명하기보다는 오히려 두드러지는 인물들을 등장시켜 그들 사이의 갈등을 해결해나가는 과정을 보여준 것은 <월인곡>의 바탕을 이루고 있는 것이 영웅서사시의 구조 원리임을 보여주는 점이기도 하다. 말하자면 속인으로 태어나 정각을 통해 부처로 등극하는 석존은 영웅으로 묘사되어 있고, 그 외피만이 불교적인 것임을 알 수 있다. 같은 시기의 <용가>와 <월인곡>이 대상만 달랐을 뿐 근본 원리가 같다고 보는 것도 그 때문이다.

<월인곡> 서사의 본질

<월인곡>은 부처의 일생을 서술한 서사시다. 그 서사는 '전생담/탄생~출가이전/출가~정각이전/정각~입멸' 등 네 부분으로 이루어져 있으며, 구체적인 활약상이나 등장인물 등은 각 시기마다 다양한 사건들을 통해 묘사·서술된다. 이처럼 <월인곡>은 석가모니의 일대기이자 영웅서사시로서의 면모를 거의 완벽하게 갖추고 있다. 물론 그것이 정각을 이룬 성인 석가모니의 일대기로서 종교적인 신성성을 바탕으로 하고 있긴 하나, '선악/정사(正邪)'의 대립과 갈등을 통해 선이나 정도가 궁극적인 승리를 거두게 함으로써 숭고한 이념을 구현하는 점에서는 영웅서사시로서 조금의 손색도 없다. <월인곡> 전체는 '총서·서사(序詞)·서사부(敍事部)·교술부·결사'로 구성되어 있다. 그러나 이 글의 텍스트인 『월인곡(상)』은 194장만 남아있는 관계로 서사부에서 석존 정각 이후 상당 기간까지의 내용만을 확인할 수 있을 따름이다. 서사부는 석존의 일생을 서술한 부분으로서 다양

한 사건들이 시간순차와 병렬의 방법을 바탕으로 연결되어 있다.

<월인곡> 서사는 다섯 개의 시퀀스[① 억울하게 죽은 소구담이 대구담에 의해 구담씨로 환생·번성하다/② 태자가 탄생하다/③ 태자가 출가·수행하다/④ 태자가 정각을 이루고 중생을 제도하다/⑤ 석존이 입멸하다]로 나뉜다. 그리고 각각의 시퀀스들은 경우에 따라 다수의 하위 시퀀스들로 나뉘며, 에피소드 차원의 시퀀스들을 구성하는 사건들은 중핵과 위성으로 나뉜다. 간혹 장들이 이야기의 진행과 들어맞지 않는 등 얼마간 착종현상을 보여 주기도 하나, 전체적으로는 무리없이 석존의 거룩함이나 종교적 신성성을 부각시키는 방향으로 서사구조는 이루어졌다고 할 수 있다.

<월인곡>에 등장하는 모든 사건들은 각각 저경(底經)들을 바탕으로 서술된 것들이다. 그러나 조선왕조 세종 시기의 특수한 상황에서 만들어진 만큼 세종이나 세종을 중심으로 하는 지배계층의 현실적 심상이 반영되었다고 하지 않을 수 없다. 특히 소헌왕후와 두 아들을 잃은 세종으로서는 기대고 싶은 곳이 왕실의 종교로 굳건히 뿌리내린 불교였을 것이며, 그에 편승하여 불교계 인사들도 조직적으로 자신들의 입지 강화에 나섰으리라 본다. 그 과정에서 나온 것이 <월인곡>으로 유신 그룹의 <용가>와 대비되는 정치적 의미를 내포한다.

비중으로 보아 <월인곡> 서사의 핵심은 정반왕과 태자의 갈등이다. 정반왕은 시종일관 세속인의 입장에서 탈 세속하려는 태자를 붙잡아두고자 한다. 마지못해 동의하는 마지막까지 적극적으로 태자의 출가와 정각을 말리고 방해하는 입장을 견지한다. 정반왕의 생각에 출가수행은 고행일 뿐 결코 행복일 수 없었다. 그러나 태자의 출가

수행은 이미 전생에 예정되어 있던 코스로서 거역할 수 없는 운명이었다. 출가수행을 통해 정각을 얻는 일이야말로 수행자로서는 최고의 경지에 오르는 일이나 정반왕은 세속인이었으므로 그것을 쉽게 받아들일 수 없었다.

세종은 정반왕의 입장에서 떠나간 소헌왕후와 두 아들을 바라보았을 것이다. 그들이 떠나간 죽음의 길을 정반왕의 만류를 뿌리친 채 태자가 감행한 출가수행의 길로 생각하려 했고, 정반왕이 정각에 이른 태자를 다시 만나 '재회의 맹세'가 이루어진 데 기쁨을 토로했듯이 그들과의 만남을 염원했을 가능성도 있다. 말하자면 정반왕을 떠난 태자가 갖은 고행 끝에 정각을 얻고 인류의 스승으로 좌정한 것처럼 이미 떠난 왕후와 두 아들도 가치 있는 수행의 길을 떠난 것으로 생각하려 했던 듯하다. 이 점에서 <월인곡>은 불교의 종지(宗旨)가 형성되어가는 과정을 밝히는 표면적 의미와 세종의 심상표출이라는 이면적 의미를 동시에 갖춘 서사문학이라 할 수 있다. <용가>의 구조와 마찬가지로 후반에는 교술 부분이 수반되어 있었을 가능성이 크기 때문에 <월인곡> 또한 서사양식을 바탕으로 궁극적인 교술성을 추구한 악장의 특이한 사례로 보아야 할 것이다.

찾아보기

사

아

자

▲앙코르왓을 찾아(2009/12/29)

조규익

충남 태안 출생. 문학박사.
현재 숭실대학교 국어국문학과 교수, 인문대학장, 한국문예연구소 소장.
미 UCLA에서 비교문학과 한인이민문학을 연구.
제2회 한국시조학술상, 제15회 도남국문학상, 제1회 성산학술상 수상.

『조선조 시문집 서・발의 연구』, 『고려속악가사・경기체가・선초악장』, 『가곡창사의 국문학적 본질』, 『우리의 옛 노래문학 만횡청류』, 『봉건시대 민중의 고발문학 거창가』, 『해방 전 만주지역의 우리 시인들과 시문학』, 『17세기 국문 사행록 죽천행록』, 『해방 전 재미한인 이민문학(1~6)』, 『연행노정, 그 고난과 깨달음의 길』(공), 『주해 을병연행록』(공), 『무오연행록』(공), 『홍길동 이야기와 <로터스 버드>』, 『국문 사행록의 미학』, 『조선조 악장의 문예미학』, 『제주도 해녀 <노 젓는 소리>의 본토 전승양상에 관한 조사 연구』(공), 『한국고전비평론자료집』(공역), 『연행록연구총서(1~10)』(공편), 『고전시가의 변이와 지속』, 『아, 유럽!-그 빛과 그림자를 찾아』, 『꽁보리밥 만세』(수필집), 『풀어 읽는 우리 노래문학』, 『조선통신사 사행록 연구총서(1~13)』(공편), 『어느 인문학도의 세상읽기』(수필집), 『베트남의 민간노래』(공편역), 『고창오씨 문중의 인물들과 정신세계』(공) 등의 저서와 다수의 논문 발표.

홈페이지 : http://kicho.pe.kr
블로그 : http://kicho.tistory.com
이메일 : kicho@ssu.ac.kr

숭실대학교 한국문예연구소
학 술 총 서 ⑭

고전시가와 불교

초판 1쇄 인쇄 2010년 2월 25일
초판 1쇄 발행 2010년 3월 3일

지은이 | 조규익
펴낸이 | 하운근
펴낸곳 | 學古房

주 소 | 서울시 은평구 대조동 213-5 우편번호 122-843
전 화 | (02)353-9907 편집부(02)356-9903
팩 스 | (02)386-8308
전자우편 | hakgobang@chol.com
등록번호 | 제311-1994-000001호

ISBN 978-89-6071-151-8 93810

값: 17,000원

※파본은 교환해 드립니다.